高效记忆

用记忆宫殿快速准确地记住一切

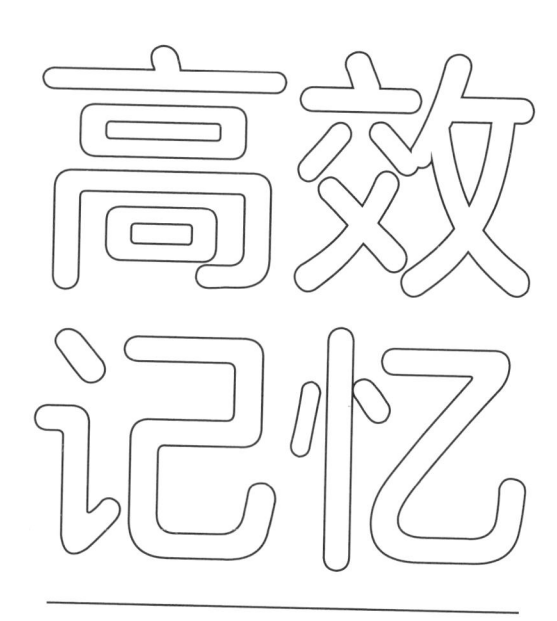

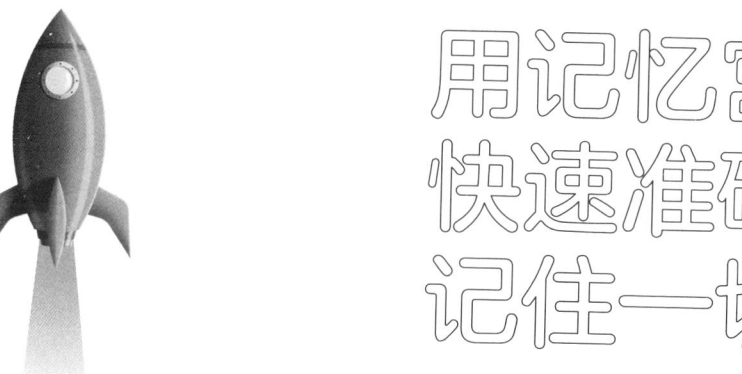

林约韩 著

中国纺织出版社有限公司

内 容 提 要

如果你已经厌烦了记忆数字、扑克牌、词汇，但是又想要快速掌握记忆法的核心要素，那么你一定不能错过这本《高效记忆：用记忆宫殿快速准确地记住一切》。这本书可以说是"记忆宫殿"方法的武功秘籍。它不仅介绍了记忆宫殿方法，更用记忆宫殿方法让你学会记忆宫殿方法。这几乎是"提着自己的靴子把自己提起来"的壮举！

在这本书里，你将学习到谐音法、图像法、定桩法等高效记忆法的核心原理，了解记忆宫殿的使用流程，并在实践中掌握举一反三的应用能力。

图书在版编目（CIP）数据

高效记忆：用记忆宫殿快速准确地记住一切 / 林约韩著. ——北京：中国纺织出版社有限公司，2023.3
ISBN 978-7-5229-0148-0

Ⅰ.①高… Ⅱ.①林… Ⅲ.①记忆术 – 通俗读物
Ⅳ.①B842.3-49

中国版本图书馆CIP数据核字（2022）第235363号

责任编辑：郝珊珊　责任校对：高　涵　责任印制：储志伟

中国纺织出版社有限公司出版发行
地址：北京市朝阳区百子湾东里A407号楼　邮政编码：100124
销售电话：010—67004422　传真：010—87155801
http://www.c-textilep.com
中国纺织出版社天猫旗舰店
官方微博 http://weibo.com/2119887771
鸿博睿特（天津）印刷科技有限公司印刷　各地新华书店经销
2023年3月第1版第1次印刷
开本：710×1000　1/16　印张：15
字数：224千字　定价：59.80元

凡购本书，如有缺页、倒页、脱页，由本社图书营销中心调换

前言

"如果记忆宫殿方法真的很有用,那么一定可以用记忆宫殿方法学会记忆宫殿。"

有一天,我遇到一个"粗鲁"的学员,我们是这样对话的。

学员:你不是号称国内记忆界高手,教记忆法十多年吗?如果真的能让我用记忆法在一天之内学会记忆法,我就相信这个方法。

我:你这个提议不错。过去,我们只是用传统的教学方法按部就班地教,忘记了记忆法本身就是优秀的学习方法,用方法学方法,如果你不成功,说明这方法也没用。

学员:是的,就像你说你的矛锋利、你的盾坚硬,只有试试拿你的矛刺你的盾,才能知道效果。

我:是骡子是马,拉出来遛遛就知道了。

于是,我设计了一套快速学习方案,用记忆法学记忆法,名字就叫"记忆之家"!

也许你猜到了结局——我成功地在一天之内教他学会了记忆法!

错!

事实是,我两个小时就教会了他。

写本书的目标之一,就是让读者可以在几个小时内,跟着书中的思路,用"记忆宫殿方法"学习记忆宫殿。

当然,写书的过程也会有一些铺垫和一些其他的准备内容,关于整本书的内容，我是这样安排的。

第一章，我希望从来没接触过记忆法的朋友，可以通过几个例子，很快感受到记忆宫殿的神奇，从此建立起信心，相信自己的记忆力可以达到快速、高效的水平。怎么定义这个"快速"呢？按照我们过去的经验，5分钟以内可以做到顺背、倒背50个形象词组。那"高效"呢？根据经验，记忆一般的内容，如果你过去需要1小时左右，现在只需要不到半个小时，效率能提高一倍以上。

第二章，主要以一个案例作为原型，虚构出一个学习过程，希望通过学习者的成长过程让学习者感受如何提高记忆力，让大家对方法能达到的效果有直观的认识。

第三章，带领大家了解记忆宫殿的前世今生，了解记忆宫殿在人类历史上创造过的奇迹。

从第四章到第六章，主要的目标是让学习者在没有老师现场培训的情况下，自学完成最系统的记忆宫殿课程，力求做到：认真看完的学习者都可以看完即学会。这一部分使用的方法是"用记忆宫殿方法学记忆宫殿"。

第七章，主要是帮助学习者建立记忆法的应用策略。很多人一开始对策略并不是太了解，以为学会记忆法就可以大幅度提升记忆能力，其实方法基础就像积木块，它本身并不能自动变成"城堡"，而需要学习者自己去堆砌。比如，会编码记忆法的人，其实并不会背《新华字典》，它需要有人教或者需要自己找出一套用编码记忆法背《新华字典》的策略。这就好比同样是一堆积木，小明同学几分钟就能搭出来一栋房子，小谷同学却用了1小时也没有搭成房子。为什么呢？因为小谷同学从来没玩过，也没有看过，脑子里根本不知道如何搭积木。

学习记忆宫殿的朋友，一定要多学习一些记忆策略。策略就是指实现快速记忆的方法、方案。如果你只会基础方法，只了解很少的方法、方案，那么，就算你数字记忆训练得再厉害（比如每小时能记忆3000个数字，或者5分钟能记忆100个历史事件），而其他你都不会，你也只能算偏才，不能算"大师"。因为你的记忆过程还是跟大家一样，没有更好的方法。

我在第七章列举了9种策略，同时把我研究的如何设计策略的"万能公式"传授给大家。希望借助这些内容，能帮助大家成为真正的"记忆大师"。

第八章，主要是讲解学习过程中如何树立正确的目标和做好训练计划。如果大家能在学完方法和策略之后，为自己打造一个可执行的计划，就能把自己"如期"地训练成一个记忆高手。

本书适合自学记忆法的人阅读，也适合家长带着孩子阅读。使用好第四章、第五章、第六章的内容，可以直接将这些内容转化成为培训课程。只要几个小时，就可以"复制"出更多懂得"记忆宫殿"基础方法的"高手"，学完即会背出方法和方法例子。这也是一件值得炫耀的事情，你可以很自豪地跟你的小伙伴说："我看过一本书（或上过一个课程），我能把书上（课上）的全部重点背出来。"

最后，本书虽然创新地尝试用记忆宫殿方法学记忆宫殿，但可能也有一些人不适应或是出现各种问题。虽然这个方法我已经用了近10年，它似乎能够"老少通吃"，其中的内容也不断"升级"更新，但是，本书在展现这个方法的过程中也难免会有一些瑕疵，希望看过本书的人，能不吝指正，帮助我一起将本书变得更完美！

目录

第一章 CHAPTER1　让记忆力提高 10 倍只需花 5 分钟　001

第一节　死记硬背，11 位手机号都记不住　003
第二节　有效重复需要专注外加反馈　005
第三节　想象画面并记住故事　008
第四节　故事里面的 100 个数字　010
第五节　谐音故事提高记忆效率　012
第六节　3 步提高大脑生产力　014
第七节　10 天提高 10 倍记忆力　018
第八节　记忆训练方案　020

第二章 CHAPTER2　从 5 分钟到 30 秒只做了这 3 件事　023

第一节　无理解，不记忆　025
第二节　注意力为何难以集中　029
第三节　无法发现信息之间的联系　031
第四节　缺乏图像联想能力　033
第五节　不会转化且图像清晰度太低　036
第六节　不尝试回忆和不正确地重复　039
第七节　小笛是怎样做到 30 秒背下古诗的　041
第八节　可复制的记忆模式：图像记忆　045

第三章 CHAPTER3 | 记忆宫殿缔造的记忆奇迹　　▶▶ **047**

第一节　西摩尼得斯与罗马房间法　　049
第二节　布鲁诺发展了记忆术　　052
第三节　记忆法并不会造就异类　　055
第四节　体验联想记忆法　　058
第五节　大量的信息怎么记　　061
第六节　多米尼克在用的记忆方法　　064

第四章 CHAPTER4 | 记忆宫殿使用方法　　▶▶ **067**

第一节　记忆宫殿简单模型　　069
第二节　使用记忆宫殿的规则　　071
第三节　当客厅作为记忆宫殿　　073
第四节　第一次使用记忆宫殿　　078
第五节　总结记忆宫殿的模式　　082

第五章 CHAPTER5 | 创造属于自己的记忆宫殿　　▶▶ **085**

第一节　精加工后再记忆　　087
第二节　竟然有 136 种记忆方法　　090

第三节	6 种记忆方法 VS 136 种方法	092
第四节	记忆过程的 4 步	094
第五节	如何管理记忆宫殿	097
第六节	用三层定桩法建立自己的记忆宫殿	100
第七节	设计 100 个数字编码	107
第八节	数字编码桩子	114

第六章 CHAPTER6 | 1 小时学完世界记忆大师的方法

▶▶ 119

第一节	学习记忆宫殿的准备	121
第二节	用记忆宫殿记学习要点	125
第三节	当前台作为记忆宫殿	129
第四节	虚拟记忆宫殿：鬼屋	132
第五节	虚拟记忆宫殿：仙灵岛	136
第六节	虚拟记忆宫殿：灵山大佛	146
第七节	虚拟记忆宫殿：零食店	152
第八节	虚拟记忆宫殿：学校礼堂	157
第九节	虚拟记忆宫殿：4S 店	165
第十节	4 个训练步骤	171
第十一节	压缩记忆法	173
第十二节	画图记忆法	179
第十三节	综合应用和灵活应用	182

第七章 CHAPTER7　快速记忆实践广场

▶▶ **185**

第一节	10 分钟记忆 100 条语文常识	187
第二节	1 小时记忆 200 个单词	192
第三节	3 小时背完 100 条公式	198
第四节	11 小时背完《道德经》	200
第五节	20 小时背完《周易》	204
第六节	3 个月轻松备考过二建	208
第七节	快速记忆的万能公式	210

第八章 CHAPTER8　学会记忆宫殿的正确方法

▶▶ **213**

第一节	如何树立正确的记忆目标	215
第二节	21 天的训练计划	218
第三节	快速阅读的误区	220
第四节	做正确的事，你也可以成为记忆大师	223

后记

▶▶ **227**

第一章

让记忆力提高 10 倍 只需花 5 分钟

5分钟能做什么事呢？5分钟可以泡一包泡面，可以步行300~500米，等等。如果用5分钟背下100个数字，你会不会觉得太不可思议了呢？

　　本章主要是讲我的一次经历，我的朋友背不下来11位电话号码，经过我的讲解之后，他马上可以顺利背出电话号码。通过这个例子来解析为什么大部分人记忆力差，电话号码都要重复好几次才能背下来。

　　本章还会让读者一起经历5分钟特训，尝试5分钟记忆100个数字。

　　接下来，让我们与我的朋友一起经历，一起总结，一起了解如何通过10天训练，让记忆力提高10倍。

第一章
让记忆力提高10倍只需花5分钟

第一节
死记硬背，11位手机号都记不住

一次与朋友聚餐，我们聊起工作，朋友问我："记忆宫殿是什么？"我简单地回答："帮你提高记忆力的方法。"旁边立马响起一个声音："我记忆力衰退得厉害，现在连手机号都记不住，还有救吗？"

我很淡定地问："真的记不住吗？有没有兴趣测试一下？"

朋友好奇："好，试试！不过我的记忆力真的很差。"他还是强调了一下。

我："13×-87-21-45-56，好，你试着回忆一下！"

朋友："13×-872-1……"（后面"嗯"了很长时间，硬是没背出来。）

我："这样，听我解说一次，要是能背下来，这杯酒你就干了吧！"

朋友惊喜道："有这么神奇？别说一杯，三杯都行。"

"你喝定了！"我自信地说。接着，我说道："13×是运营商的号，这个大家都知道，接下来想象'一条白痴的鳄鱼，师傅看到叫我溜'。一条白痴鳄鱼，就是8721；师傅叫我溜，就是4556。好的，现在你回想一下。"

朋友："13×8721 4556，哈哈，厉害，厉害，干杯！干杯！"

为什么第一次他没有背下来呢？原因很简单，他的心里不断在重复数字13×8721……如果你仔细观察，会发现在多次重复时，他的嘴巴没有发出声音，但是喉咙微微在动。为什么喉咙处会微微在动呢？聪明的朋友一定想到了：他在读，他的心里不断在默读这些数字。

这样简单复述获得的是短时记忆。短时记忆的记忆时间很短，只有30秒左右，最多1分钟就忘记了。

如果你是推理高手或是喜欢侦探小说的朋友，你一定会顺着这个思路想：重复声音的记忆一定就是我们所说的死记硬背。对，没错，就是死记硬背。这样的记忆有好处吗？

大部分人会认为：没有！因为这样没有效率、费时间，吃力不讨好，记不住！

真的是这样吗？

当然不是！死记硬背有它的好处，而且好处很大，关键在于怎么运用。如果死记硬背，想记住11位电话号码并且保持记忆超过20分钟，那是很困难的。因为短时记忆30秒后就开始遗忘，20分钟后记忆就只剩一半左右。那如何才能长时间记住呢？如果硬背100次呢？1000次呢？1万次呢？10万次呢？假如你能读完10万次，估计这一辈子你都忘不了这个号码！咦？我们有疑问了，重复次数决定了记忆的时长吗？重复为什么能记住？如果搞清楚这个原因，也许我们就可以减少重复，达到最优化的效果！

没错，科学家也在研究这些问题。研究发现，重复之后大脑会建立更多的神经细胞连接。

那么，所有的重复都可以建立神经细胞的连接吗？

大量的科学研究表明，不是所有的重复都可以建立神经细胞的有效连接。也就是说，有时候你重复1万次也没有用，仍然无法建立深度记忆的脑回路。

聪明人此刻肯定会问：那什么样的重复有效？

答案非常简单，甚至你可能会不屑一顾。真话往往容易被大家忽略，还会被人小看。但是大道至简，真理往往朴实无华。简单地说，有效的重复就是：重复时用心并且有反馈。

小贴士 Tips 多次重复，大脑会建立更多的神经细胞连接，但不是所有的重复都有效，重复时专注并收到反馈，才能建立深度记忆的脑回路。

第二节
有效重复需要专注外加反馈

小班训练的时候，有一个小朋友，因为上课不认真听，漏掉了知识点。我和他的家长商量之后，为了让他以后有认真的学习态度，也为了让这个小朋友懂得不认真是需要承担后果的，决定给他一个惩罚。于是我对小朋友宣布：因为他的不认真导致他没学会，所以现在要补学。补学完成之后，因为他浪费了家长和老师的时间，所以必须让他为自己的行为负责，我们要求他抄写指定的内容10遍，作为今天不认真导致大家被耽误时间的惩罚。小朋友同意了。

结果出乎预料，这个小朋友10次全抄错了。

原来，第一遍抄时他就粗心大意地抄错了字，第二遍复制第一遍的，同样抄错了字。这样下来，10遍全部错了。看着他抄写的内容，我十分无奈，家长也一脸无奈地望着我。我给了他的家长一个暗示，然后对小朋友说："因为抄写出错，加大惩罚力度，再抄写50遍，这次一个字都不能错。"小朋友急了，眼眶瞬间红了，看着他的家长说："我再也不敢了，能不能只抄10遍？"他的家长很配合地告诉小朋友，不能讨价还价，老师说抄多少遍就必须抄多少遍。做人要有担当，错了就必须认罚。

第二次抄写的时候，小朋友全神贯注地抄写，每写完一个词都再读一次，保证一个字不错，非常用心。抄到第10遍的时候，我们告诉他，因为表现好，为了鼓励他，免去40遍的抄写。

第二次抄写的时候，因为这个小朋友很认真，以至于很长一段时间里，他对于自己抄写的内容都能脱口而出，完全背诵。

通过这件事，我相信大家一定明白了什么叫有效的重复。用心的重复与不用心的重复，差别是非常明显的。

假如第一次抄写结束的时候，没有人告诉小朋友，他抄写出错了，并且就此对他进行惩罚，那么他是不可能认真、用心的，也不可能有后面的改变。这里，老师对他的行为进行的反馈是让他获得改变的一个重要因素。相信大家读到这里就不难理解，什么是有效的重复，并且也能明白什么是"有反馈"。如果你的重复结果没有反馈，那永远都不可能知道自己做得好不好。

所以，用心的重复加上准确的反馈是重复记忆最重要的核心。

也许你觉得有了"用心"和"反馈"这两个法宝，重复就无敌了。那我便要问你，每次学习间隔多长时间、重复多少次最好？越多越好吗？

每次讲课，我问起这个问题，很多人就会发出感叹："还真没想过这样的问题。"

其实，科学家们也很关心这两个问题。他们做了很多实验，由于实验过程比较复杂，我在这里直接告诉大家结果。这些实验告诉我们，以双倍的努力学习，下狠劲，要比一次慢慢来好很多，大脑的印象会更深。

此外，我们需要过量学习，一次学习最好超出50%，也就是说，如果你读10次已经记住了，最好就再读5次，读15次就能获得最佳效果。超过1.5倍之后，效率反而会下降。

这些科学数据告诉我们，如果想学习一个信息，就需要连续学习，并且每次要过量学习。

那间隔多久复习更好呢？

一个叫艾宾浩斯的心理学家做了一个长期实验，最后得到一个结论：遗忘是先快后慢的。什么意思呢？举个例子：如果你背100个单词，20分钟之后可能只能记住50个，也就是一半，2天之后还能想起来30个，也就是接近1/3的内容。20分钟就忘了50%,但是2天之后还能想起30%,这个遗忘速度就是先快后慢。

上面这些结论告诉我们,如果我们想下狠劲好好学习,只要学习量超过50%就可以了,且每次学习都要认真地一口气完成。

总结起来,就是要认真、用心地重复,要有正确的反馈,还要保持一口气重复1.5倍的量,事后1小时内还要复习一次。这样重复到脱口而出,基本上就不会再忘记了。但是,这样效率太低了,我们有没有办法减少重复,也同样达到最后脱口而出的效果呢?答案是有的,这也是本书存在的意义,接下来就让我为大家一一揭晓!

小 贴 士
Tips

高效学习的要点包括:过量学习50%可达到最好的效果,遗忘是先快后慢的,所以需要及时地复习。

第三节
想象画面并记住故事

现在我们有一个任务，需要想象出画面的同时记住这个故事：

一把菱角散出雾气，医生把儿拉开：后面有只鳄鱼，快，一起走吧！于是儿溜爸也溜，溜到巴黎去了。看到舞林高手，他们都在跳舞，戴耳机，腰上别钥匙，手上还拿着气球。旁边的老林拿扫把扫流沙。

请读完故事，花1分钟时间在脑海里想象一次，确保百分之百记住故事内容，不能遗漏要点。

接着再想象下一个故事，上面扫地的老林是一个骑士，他身上曾经发生过这样一件事：

骑士领路带爸爸和舅舅去把麒麟杀死，然后一起一路发现雾气。我舅拿出白酒给大家，防止雾散出来的毒，二姨出来喊大家（去去）酒吧里领酒。领到酒，留意一看就是烈酒。

注意，上面括号里的内容"去去"必须完整背下。

同样，请你花1分钟时间在脑海里想象一次，确保百分之百记住故事内容，不能遗漏要点。

最后请你想象领到酒的我们，要去一个山寺：

我们去山寺领鸡去了，别人都领走了，就要我留白酒，说是因为巴山有酒气可以（气气）麒麟。

这里同样注意，"气气"必须百分之百记下原文。同样花1分钟回想一下内容。

大家记完之后，请花2分钟时间把3个有画面的故事再回忆一次，确保全部回忆正确就算完成。如果有不正确的或是模糊的，请再花一点时间去确认，以确保记住它们。

至此，恭喜你，已经背完100个数字。

这100个数字是：

18，09，57，13，82，67，21，17，98，26，86，80，76，50，27，14，79，60，48，63；

74，06，88，99，78，70，34，17，16，57，59，89，53，21，77，98，09，61，94，69；

34，07，76，91，56，89，83，97，77，70。

如果对故事敏感、画面感强的朋友，5分钟内已经完成这个记忆过程了。但是有些人属于感觉型的，可能会慢一些，也不要紧，最重要的是，这个记忆过程很简单，能够让你轻松地把没有规律的数字记下来。

这些数字不是我事先准备好的，也不是故意设计的，而是电脑随机产生的。轻松记忆随机数字，我们使用了故事联想的方法。

第四节
故事里面的100个数字

接下来我解释一下,这里面是怎么包含100个数字的。

第一个故事:

一把(谐音18)菱角(谐音09)散出雾气(谐音57),医生(谐音13)把儿(谐音82)拉开:后面有只鳄鱼(有只鳄鱼谐音6721),快,一起走吧(谐音1798)!于是儿溜爸也溜(儿溜谐音26,爸溜谐音86),溜到巴黎(谐音80)去了(谐音76)。看到舞林(谐音50)高手,他们都在跳舞,戴耳机(谐音27),腰上别钥匙(谐音14),手上还拿着气球(谐音79)。旁边的老林拿扫把扫流沙(老林谐音60,扫把谐音48,流沙谐音63)。

我们再把故事重点内容提取一下,产生下面的短句:

一把菱角散雾气,医生把儿拉:有只鳄鱼,一起走吧!儿溜爸溜,到巴黎去了。看舞林高手,戴耳机,别钥匙,拿气球。旁边老林扫把扫流沙。

请看着短句默写数字:

_____

_____

如果能成功默写,说明你已经理解了对应关系。把短句记熟悉,数字也就记住了。

让我们接着练习第二个故事。

这个故事有一个切入点,就是老林曾经是一个骑士,他是一个有故事的人。他的故事是:骑士(谐音74)领路(谐音06)带爸爸(谐音88)和舅舅（谐音99）去把（谐音78）麒麟（谐音70）杀死（谐音34），然后一起（谐音17）一路（谐音16）发现雾气（谐音57）。我舅（谐音59）拿出白酒（谐音89）给大家防止雾散（谐音53）出来的毒，二姨（谐音21）出来喊大家（去去，谐音77）酒吧（谐音98）里领酒（谐音09）。领到酒，留意（谐音61）一看就是烈酒（就是谐音94，烈酒谐音69）。

我们再把故事重点内容提取一下，产生下面的短句：

骑士领路带爸爸和舅舅去把麒麟杀死，一起一路发现雾气。我舅白酒防雾散毒，二姨去去酒吧领酒。留意就是烈酒。

请看着短句默写数字：

_____

_____

如果能成功默写，说明你已经理解了对应关系。把短句记熟悉，数字也就记住了。

第三个故事：

我们去山寺（谐音34）领鸡（谐音07）去了（谐音76），别人都领走了，就要（谐音91）我留（谐音56）白酒（谐音89），说是因为巴山（谐音83）有酒气（谐音97）可以（气气，谐音77）麒麟（谐音70）。

我们再把故事重点内容提取一下，产生下面的短句：

山寺领鸡去了，就要我留白酒，巴山有酒气气气麒麟。

请看着短句默写数字：

_____

_____

如果能成功默写，说明你已经理解了对应关系。把短句记熟悉，数字也就记住了。

第五节
谐音故事提高记忆效率

至此，我们已经成功把100个数字背下来了。想象力好一点的朋友，还可以尝试一下倒背数字内容。你会发现你可以顺背、倒背100个数字，而你花的时间也就是5分钟左右，最慢10分钟也可以顺利完成。

100个数字重复念，我们需要很长时间去记忆，而且背完脑子里空空的什么也没留下，还要靠嘴巴发出声才能顺出来。如果不发音，就顺不出来。然而，我们用谐音故事的方式，背完之后脑子里还有画面感，可以顺藤摸瓜，把一个个数字通过故事信息回忆出来。

其实，记忆的工作方式有很多种，心理学家研究之后分类为：声音记忆、逻辑记忆和图像记忆（又叫表象联想记忆）等。按不同内容还可以分为陈述记忆、情境记忆和语义记忆等。我们平常使用的记忆方式叫声音记忆，俗称死记硬背。这种方式我们在前面探讨过，它也是很重要的方法，问题是效率低、花时间长。

我们换成谐音故事的方法，记忆效率好像提高了，但细心的朋友一定会发现这样一个问题：对这些随机数字，我是怎么想到这些故事的？不是所有的人都可以随便看到数字就编出故事。另外，如果数字换成文字，编故事记忆还有效吗？我在记忆课程上表演记忆60个数字1分多钟顺背、倒背，或是100个数字2分多钟顺背、倒背，难道也是编故事吗？在那么短时间内，要编一个完整的故事，一般人能学会吗？

能提出这些问题，说明我们离学习真正的记忆宫殿方法已经不远了。确实，给大家示范的这个数字记忆实例不是快速记忆的核心，这只是初步认识记忆方法的最简单的体验。

如果想真正学会高效率的记忆方法,还需要一步一步地学习。接下来我会分享:为什么抽象数字符号换成故事就变得容易记忆?为什么自己看着数字却编不出来故事?记忆方法的核心到底是什么?

小 贴 士
Tips
图像记忆是高效的记忆模式,需要通过谐音等方式把抽象的词语和数字转换成图像,并将图像连接起来组成故事。

第六节
3步提高大脑生产力

把信息内容变成有意思的内容

从5分钟背下100个数字的例子中,我们已经知道把信息转化成故事更容易记忆。那么我们可以确定,记忆的第一步就是把没有意思的内容转化成有意思的内容。因此,可以总结为:转化信息即把没有意思的变成有意思的,把没有逻辑的变成有逻辑的,把不理解的变成理解的,这是快速记忆的第一个步骤。

我们先一起来理解"没有意思的变成有意思的"。这里的"没有意思"指的是抽象的、不好理解的,或者是比较公式化的、拗口的内容;而"有意思"是指形象化的、熟悉的、幽默的、有趣的内容。也就是说,要把信息从抽象的、枯燥的一面,变成活泼的、有趣的、熟悉的、幽默的一面。这个要求应该会难倒一大片人吧!很多人会说,这个工作简直堪比从事艺术或是科普工作,很多人一辈子做不出几件作品,要进行有意思的转化太难了,看来记忆方法不好学。很多人被它难倒了,再也不想学记忆法。

之所以感觉困难,是因为不得法,没有建立转化规则。请你想想,自然环境和人类社会这么复杂,我们都可以将其转化成文字记录,转化过程也没那么难吧!为什么呢?因为我们有文字,而文字是已经转化好的"零件",想表达什么内容,我们只需要将它取出来组合就行了。这样看来,我们只需要学习信息转化成文字的方法,建立一套规则,把信息转化成"有意思"的图像仓库或是短语仓库,以后看到信息就"翻译"成"有意思"的内容就可以了。有了思路,具体操作方法将在本书后面的内容中教给大家。

使信息间产生新的关系，创造出有规律的关系

面对一篇几千上万字的文稿，如果我们只是简单地将它变成有意思的内容，就会产生大量的有意思的故事小碎片。假设我们把要背的信息分成200个小段，每个小段都转化成有意思的图像，这样要背下来还是很难，因为你需要记忆200个小故事，还必须保证它们之间不会产生混淆。如果你把200个信息的联想混到一起，就会导致最后你背的东西都串在一起，分不清楚了。

为了记得清楚，我们把100个数字分成3组，前两组都是40个数字，最后20个数字单独为一组，这样我们只需要记忆3个信息就可以了。我们怎么做到分成3组，把它们联系起来，变成更复杂的故事，把原来的故事套在里面？我们需要加强它们之间的逻辑关系，不只是把它们连在一起，还要形成一个整体的故事。也就是说，我们必须使用一条线索把转化出来的信息联系起来。

关于产生关系，最重要的是这个关系要符合生活中的逻辑。举例说明，我们看到桌子和苹果，自然会想到桌子上面放着一个苹果。桌子和苹果产生的关系很自然，没什么特别，却能让我们想到。桌子上有什么？有苹果。这是第一组关系。如果桌子放在一边，苹果在旁边的地上，桌子上没有苹果，苹果放在桌子边上，它们之间没有关系，这是第二组关系。第三组，我们想象桌子有一张大嘴，还长手拿苹果来吃。这是夸张的手法，将桌子拟人，我们把这个定义为第三组关系。接下来我们来定义第四组关系，把桌子卡通化，变成有手、有眼睛的桌子，将苹果变成一个卡通苹果，也是有手有脚的。但是苹果画在纸的右边，桌子画在纸的左边，它们中间是空白的，没有任何关系。大家认为这4组关系中，哪一组对我们的记忆最有帮助？前面我说过，有关系的才好记，所以我们很快可以排除没关系的两组，剩下的就是苹果放在桌子上和桌子吃苹果这两组。

大家也许会猜想：是不是卡通化夸张的一组记忆效果最好？事实上，实验证明，普通的关系组记忆效果最好。我最初看到这个实验，感觉似乎不太科学，但是之后我在使用记忆方法的过程中慢慢体会到，关系所产生的逻辑越符合生活关系记得越牢固。如果生活关系太平常，不足以产生线索的时候，才会加入夸张来帮助记忆。

组成模块，并且练习它们，直到自己能脱口而出才算是大功告成

如果你觉得把有关系的信息组合在一起，就算大功告成，记忆信息就可以从短时记忆变成长时记忆，可以永久记住，那就大错特错了。上面我们5分钟记忆了100个数字，我让大家进行了回忆，并试着默写出来，相信大量的读者一定可以做到这一点，可以正确回忆和写出来。但问题是，3天后你还记得吗？30天之后呢？随着时间的流逝，你一定会对故事产生"遥远感"，觉得好像记得，但想不起细节。能回忆出重点的信息并转成数字，但是有很大部分已经忘记了。

遗忘是很正常的，也是我们大脑需要的功能。如果我们每天将所有的信息都记住，长年累月下来，大脑处理新信息的速度就会变慢。所以，我们需要将大量信息总结成一个点，以后想到这个点就拓展出一大堆的信息，比如想到一件事，你会说这是去年的事，或这是上半年的事。我们用时间进行归类，这样这些事就具有了一个共同的特点，就是时间上处于同一个阶段。当然有很多归类和总结，我们就对事情有了新的看法，就能更好地创新。

所以，我们注定是会遗忘的，而且遗忘是有好处的。关键问题是有一些我们不可以遗忘的信息，或是在一段时间内不能遗忘，必须准确记忆的信息，这时候我们就需要与遗忘做斗争了。

如何做才能让我们准确记忆呢？答案是重复！记住之后，就要回到一开始我们提的"有效的重复"。只是这时候重复，我们必须加入一个新的观点，叫"组块重复"，意思是把有相关意义的内容放在一起重复，一直重复到能不加思考地回忆出来才算成功。

那什么是把有相关意义的内容放在一起重复呢？换句话说，组块重复如何操作呢？

当我们把信息放到一起，变成有联系的内容时，这些信息便变成一个整体。我们复习的时候，必须以这个整体为单位，进行朗读和背诵。也就是需要一气呵成，同时完成整体的默写、背诵或朗读过程。即使你想停止，也需要在完成一个单元模块之后，这样这些信息在脑子里才是一个完整的信息块。这一点在复习的时候非常重要，第一可以避免相近信息的互混，第二可以更有规律地复习信息。所以，大家以后在记忆和复习时必须更细心地注意组块的信息和信息块的应用。

> **小贴士 Tips**
>
> 把信息组成模块并不断练习，是提高记忆效率的关键，不仅可以避免相近信息混淆，还能更有规律地复习。

第七节
10天提高10倍记忆力

接下来，我们要讨论，一个从来没有学习过记忆方法，没有系统地使用过记忆方法的人，需要训练什么内容来奠定基础。有很多人一上来就问我：老师，我需要训练多久？

在这个时间已经变成碎片的时代，我们更关注的是效率。一般人实际上只需要训练10天左右，而且每天只需要训练转化图像和产生新关系的联结练习，就可以达到入门的水平了。没有训练前，10个词可能需要3~5分钟记住，训练10天之后，可以达到30秒至1分钟左右记住10个词，大约5分钟记忆50个词，10~15分钟记住100个词。

我们该怎么训练呢？说到训练，我们先要明白：训练要的结果是什么？训练的原理是什么？怎么去实现？只有明白这些内容，我们才能更好、更灵活地进行训练。我在训练学生的过程中，经常发现有这样的学生，每天训练之后，只要没有效果就一定会问：老师，我这样训练对不对？为什么我没有进步？训练一两次没有达到效果就开始怀疑方法，甚至怀疑自己、怀疑人生。也许你觉得我说得太夸张了，一个训练怎么可能导致怀疑人生呢？

事实上，在我的培训课上有很多这样的学生。他们通过我的引导尝试第一次训练，体验到快速记忆的神奇之后，马上就开始自己去尝试，结果发现自己练习和老师带着练习差异太大了，马上转入怀疑自己的状态，认为是自己做错了，所以没有达到效果。实际上，我们第一次学走路的时候，也是站起来，摔倒，然后站起来，再摔……不知道经过多少次，才能慢慢学会向前走两步，向前走三步、四步……直到走出自信的步伐。学习记忆法的时候，摔了两次就觉得一定出现了什么问题，这种思维是不对的。我们需要不断地尝试，直到找到我们自己的体验感觉为止。

如何避免走弯路，正确地找到自己的体验感觉呢？先要学会体验成功的感觉。比如你第一次跟着我的节奏学习，发现有效果，你要问的是我怎么做的，而不是这个过程是怎么样的，然后去复制这个过程。我做这个动作的目标是什么？如我们训练串联记忆，到底目标是什么，编一个完整的故事吗？还是为词与词之间加上联系？很多时候我们看到一个现象就马上扑上去模仿，模仿之后，却发现做出来的和别人不一样。原因就是你没有搞清楚，别人为什么那样做，关键点在哪里。

很多人经历了一次失败，就马上怀疑自己的能力，或是怀疑自己做得不对。其实失败的时候马上要想的是，我做对的是哪一次，与这一次比较，有哪些我可以改进的。练习的时候要学会对比好的经验与不好的经验，找出差异，下次训练的时候改进。不断地重复，直到越来越好。

如果你已经明白了这个道理，一定会越练习，记忆技巧越好。下面就开始讨论怎么进行10天的记忆训练。

小 贴 士　Tips　自己练习与跟随老师练习差异很大，但不必因此怀疑自己的能力，要对比自己成功和失败的经历，找到关键点，直到找准感觉。

第八节
记忆训练方案

首先，你必须准备一些可供记忆的词组，比如一些随机的形象词。

为什么一开始使用形象词训练最佳呢？因为形象词有具体图像特征，你可以想到它们的画面，能更好地锻炼你的表象联想能力。表象指你的大脑中出现的图像画面。注意，是大脑想象出来的画面，而不是看实物之后的回想。

比如你想象一个苹果，这个苹果是你的大脑创造出来的，它不是现实生活中的任何一个苹果。在生活中你找不到这个苹果本身，但是你的大脑可以想象出一个十分逼真的苹果。想象过程中产生模拟的画面，模拟画面和真实画面非常相似，但是不管这个画面多么相似，总会有一些不一样的地方。此时此刻，大脑里这个画面具有形状、颜色，可能连气味也可以模拟出来。大脑里的这个画面，我们就叫它表象。画面可以与其他内容产生联系。比如，苹果放到桌子上，这时苹果和桌面产生了联系，你的脑海里就有了桌子和苹果的图像联系。这就是我前面说的表象联想。

另外，我们还可能用一句话来创造联想关系。比如，苹果被运到市场上卖。根据这句话，虽然可以产生表象，但是画面因人而异。有人想到在市场上卖苹果，有人想到用车运输苹果去市场卖的过程。不管你想到哪些画面，能将这句话回忆出来才是重点。你理解这句话的意思，并且你也能完整地说出来，记的便是这句话本身的意思而不是画面，这是我们说的语句联想。一开始我们更多的是训练表象联想，因为快速记忆的重点在表象，而不是语句。慢速重复记忆中，两者都会经常用到。这两者都可以帮助我们加深对记忆内容的印象，使我们达到提高记忆效率的目的。

其次，你需要训练将信息快速谐音或是转化成你认识的有代表意义的图像。

只有转化成有代表意义的画面或有意义的语句，我们才能更快地把记忆从短时记忆转化成长时记忆。

最后，你需要准备一些帮助联想的固定图像。

这些固定的图像就像我们学习外语的时候使用的单词一样。我们可以理解为，我们使用表象记忆的时候，需要用表象单词进行表象造句。这句话的意思就是，把我们经常需要记忆的一些最基本的单位信息变成图像。前面记忆100个数字，我们用了5分钟左右的时间记住，我们怎么做到的？我们对数字进行谐音，将它们转化成有意思的故事。其中，基本单位都是两个数字，没有拆为单个数字进行记忆。为什么呢？

因为我的记忆方法体系里，数字从00、01、02一直到98、99，共100组两位数字，都被我用谐音或象形转化的方式，变成了具有特定意义的图像。比如，11为筷子，因为11就像一双筷子；37为山鸡，这是谐音。所以，大家基本上能明白，为什么对于随机的数字，我可以快速地编成故事，带着学员快速背下来。因为我已经事先准备好这些最基本的图像。如果你能把数字、汉字、外语单词、专业知识等需要快速记忆的内容进行最小单位图像固定，那么通过练习这些图像，你也可以快速记忆想要记住的内容。

上面三点中，第一点和第二点的训练不需要太长的时间，如果每天坚持训练1小时，10天基本上就可以掌握。而第三点的训练需要很长时间，而且每个人具体进度不一样，需要的时间长短可能就不一样，所以这里没办法定义多长时间可以掌握。不过不用担心，只要训练好前面的第一点和第二点，你的记忆技巧就已经超过很多普通人了，基本上可以做到比原来提高5~10倍的效率。要达到这个效果，你只需要训练表象联想和语句联想，以及转化信息的能力就可以了。

如果方法和原理大家都明白了，就可以用这个方法去设计自己的记忆方法训练体系。

小 贴 士
Tips　帮助联想的固定图像对记忆数字、单词、专业知识和文本非常重要，也是训练方案中比较难的部分。

第二章

从 5 分钟到 30 秒 只做了这 3 件事

小笛是一名小学生，一开始不太喜欢古诗，背七言绝句需要花 5~10 分钟才能磕磕巴巴地背下来。为什么小笛老是记不住呢？失败一定有原因，成功一定有方法。让我们一起从小笛身上找出 10 个失败的原因，并且分析它们。有了前车之鉴，也可以避免自己犯一样的错误。同时，从上一章的 10 天提高 10 倍记忆力的方法里，我们可以找出快速记忆的核心，做出正确记忆的方法推导，从而获得学习图像记忆的 3 件"法宝"。通过本章的分析和学习，我们将离"记忆宫殿"方法的真相越来越近。

第一节
无理解，不记忆

大部分人在进行记忆的时候，大脑并没有对信息进行加工，用直白的话讲，就是不动脑子。他们用嘴巴重复地念出要背诵的内容，通过声音刺激达到加深印象、帮助记忆的效果，但是收效甚微，通常是读了之后并不知道自己已经读过什么内容，结果就是读了好多次还是没有记住。根本原因是做了无效的重复。一旦采用无效的重复，可能你需要重复无数次，才能真正记住。然而，采用这样的记忆方式，就是一首七言绝句，可能都要10多分钟才能背下来，而且在抽查的时候还会背错。

有一次我到一所学校，给全校学生进行了一场关于提高记忆力的讲座。讲座后，一位语文老师找到我说，他们有一位同学记忆力特别差，别说课文，就算是一首古诗，也是背好久都记不下来，希望我能出一个方案来帮助他。我们就叫这同学小笛吧，而他的老师就称为小笛的老师。

在小笛的老师与我沟通了小笛的问题之后，我让小笛过来做了记忆和发散联想、想象力等基本的能力测试，结果发现小笛各方面都还算不错，并没有严重落后或不足。所以，我初步判断这一定是方法问题。于是，我拿出我设计好的记忆古诗的课件，给小笛讲解了一首古诗，大约花了3分钟。讲完之后，小笛马上就能背出这首古诗，而且是倒背如流。坐在一边的小笛老师看到他的学生进步这么大，很是兴奋。他希望我给小笛做一个记忆力训练方案。

我答应了小笛老师的请求，并且帮他分析总结了学生记不住信息的10个原因。我们还设计了3个训练步骤。经过一个学期的实践，小笛最快30

秒就能记住一首没背过的古诗。这个效果真的超出了我们之前的预期。

接下来我会将这些信息分享给大家，希望大家也能从中获得启发，找到自己记忆力不好的原因，消除死记硬背记不住的烦恼。

我们先一起来看一下记不住的原因：不理解记忆内容；注意力不集中；没有发现信息之间的关系；缺乏图像联想能力；不会转化且图像清晰度太低；不尝试回忆；不正确地重复；没有规律复习。

理解是记忆中最重要的部分。我们在培训过程中喊出一个这样的口号——"无理解，不记忆"，就是想告诉大家，如果没有理解，记忆的效果就会大打折扣。

为什么记忆前需要理解内容？不理解就不能记忆了吗？如果不理解，有没有办法进行快速准确的记忆呢？之所以有上面这些问题，是因为对理解的认识不足。我们需要对理解下个定义，从而让我们的讨论保持一致性。毕竟每个人对词语的理解都不一样，每个人的认知层次也不一样，所以，对上述问题的最终解答也会不一样。

下面就让我们一起来对"理解"这个词下个定义。我们看一下词典里的解释：理解，意思是了解、明白。了解、明白是指对事物对象的规律、道理产生了主观的领悟。所以，我们下的定义是：理解是经过思考之后对事物或学习对象产生的领悟。时期不同、思考不同，领悟会有所不同。因此，理解也有时间性。简言之，理解是我们想明白事物关系，领悟事物本质道理的结果。在不同的时间、不同的环境，因为心境不一样，对事物或学习对象的关系和道理的领悟也会不一样。

这样，面对要记忆的信息，我们最少要有一个基本版本的理解，也就是你至少要给自己一个主观的说法，关于对信息的领悟的语言表达和说明。比如，对于"苹果"和"刀子"这两个词，我产生了这样主观的说法：苹果可以吃，一般用刀来切苹果。这些就是最基本的领悟的语言表达。有了这个语言表达，信息之间就会产生一定的逻辑和关系联想，这些联想能帮助我们把信息从短时记忆变成长时记忆。

如果在脑子里并没有解释这个信息的内容，也没有相关的联系，怎么办？这时候，我们可以根据字面意思进行扭曲或是归类，总结出一个主观认为的关系。比如，"手机"和"翅膀"这两个词，我们只能理解手机是什么，翅膀是什么，但是这两样东西放在一起，就有一点别扭，因为我们在生活里没见过这种怪东西。这就像我们学习一些专业术语，在我们还未真正理解某个术语的意思前，我们会觉得不可思议、无法理解。这时候，我们可以想办法扭曲信息，比如，手机长出翅膀，像鸟一样。想象这个夸张、荒唐的画面，你会觉得这两样东西放在一起也没那么陌生了。这就是遇到不理解的信息时的处理方法，强加一组意义，强加扭曲的理解。

有些人一定会提出这样的疑问：如此操作不影响正常理解吗？到时候正确的意思没理解，光记住这种夸张、扭曲的信息，对正在认识世界、学习知识的小孩子真的好吗？我们对信息进行理解的目标就是认清信息的关系和规律，这样记忆起来就简单，因为信息有迹可循，在脑中有加工路径，回忆起来也很容易。现在将信息的意思扭曲了，就只是为了记忆，结果会不会得不偿失呢？

前面我说过，理解是有时间性和层次的，不同时期的领悟是不同的。在初学期，对一个信息没有建立理解，但必须要背下来的时候，可以采用一种技巧，这并不会影响继续学习产生的新理解和进行更深层次的理解学习。如果不是必须先记住，建议还是先建立正确理解，然后在正确理解的基础上进行联想记忆。有一些信息实在必须先背下来，为了应付背诵，我们可以在完全不理解的情况下，扭曲对信息的理解，以达到有关系联想，帮助记忆。

在一些特殊情况下，我们也需要用到这种扭曲记忆，比如，八国联军是哪八国呢？信息没有什么规律，词所代表的内容只是国家名称。这时我们将信息编成口诀"饿的话每日熬一鹰"，强行建立逻辑关系，让你对俄国、德国、法国、美国、日本、奥匈帝国、意大利、英国有新的"领悟"。你明白了：如果饿的话每日熬一只鹰吃。用这个语句联想，你轻松地记忆了八国联军的每个国家名称。

在这种特殊情况下，必须先扭曲理解才能使信息建立联系，我们才能快速记住它们。所以，记忆信息时，能厘清信息的本义最好，如果理不清，或暂时不需要明白信息的本义，可以将信息进行扭曲以帮助记忆。这样做的目的就是让你对信息不再陌生，不至于大脑一片空白。如果没有经过思考加工，大脑一片空白，任你读多少次，效果都不会好。所以，还是我们的口号：无理解，不记忆；有理解，好记忆。

小贴士 Tips 理解是有时间性和层次的。在初学期，对一个信息没有建立理解，但必须要背下来的时候，可以采用一种技巧，这并不会影响继续学习产生的新理解。

第二节
注意力为何难以集中

除了理解，注意力对记忆的影响也很大。当注意力高度集中时，只需要少量地重复，甚至无须重复就能把记忆的信息回忆出来。为什么注意力高度集中的时候能有这么好的记忆效果呢？那是因为大脑处于高效状态，注意力能让我们火力全开地去学习和工作。实际上，如果有一点小小的压力加上清晰的任务目标，注意力会更加集中，记忆效果会更好。

最怕的就是注意力分散。能分散我们注意力的因素有心理因素、身体因素和环境因素等。环境是客观因素，需要我们自己做出调整。比如，你在闹市阅读，如果没有足够的控制力，环境的干扰会直接把你的注意力拉走。假设你在发短信，这时候身边有人跟你说话，你有可能把说话的内容直接写到短信内容里。因此，想要提高自己的记忆力，就必须给自己营造一个合适的环境。比如，有很多人喜欢把自己关在房间里；也有一些人喜欢戴上耳机，听着熟悉到不需要思考的音乐。这些音乐能带动自己最熟悉的心理状态，只要音乐响起来，就能安静下来学习或工作。不管用什么方法，我们都需要一个相对安静和熟悉的良好环境。

当然，如果你想挑战自己的注意调控能力，可以尝试在吵闹的环境中做一些需要高度集中注意力的工作，如阅读、写作等，这样能帮助你更好地提高注意能力。身体素质也会对注意力的集中程度产生影响。如果身上有疾病、伤痛，或是难以坚持长期坐着、站着，注意力也可能无法集中，导致做事效率下降。所以，劳逸结合是学习和工作中重要的调节方法。

一般来说，低龄者的注意力集中时间短，每个主题和思考或是学习任务时长最好不要超过20分钟。20分钟之后，他们会开始急躁或分心。成人好一些，能自我克制，从而延长注意力集中的时间。因此，为了保证注意力集中，建议在学习或工作过程中，需要记忆的时候一定要做到单一任务时间不超30分钟。很多人记忆效果差就是因为大量地重复，发现自己没有记住内容，马上就给自己加大任务量，不断重复，越学越急躁，情绪越不好，最后发现记忆没有效果。

除了时间因素，刺激感官的信息也会影响注意力。比如看电影，如果是一部好电影时，我们能看两个小时不上厕所，也不吃东西，就坐在原地一直到电影结束。这是为什么呢？第一，电影在视觉上给我们造成冲击；第二，声音上给我们很大刺激；第三，内容上有悬念；第四，电影让我们产生代入感；第五，在电影院有仪式感；第六，我们在看之前已经进行了选择，这是我们感兴趣的，自己主动接受的。这些都是我们能够保持注意力集中的主要原因，我们可以从中得到启发，借助类似因素提高注意力。比如，增加视觉想象，提高兴趣，用夸张的手段刺激我们的感官，给自己一个理由和有效的情绪，激发自己的注意力。为自己设定一个环境，让注意力更集中在特定的内容上。更重要的是，给自己一个让自己喜欢的集中注意力的理由或故事，只要故事的逻辑清晰、内容有吸引力，我们就一定会集中注意力，记忆力也会同时得到提高。

小贴士 **Tips** 注意力更加集中，记忆效果会更好。不管用什么方法，我们都需要一个相对安静和熟悉的良好环境。

第三节
无法发现信息之间的联系

当我们记忆的内容越来越多,超过一定量的时候,不管如何集中注意力,如何重复,还是会因为内容太多而感觉很吃力,记不住。信息太多了,分布的模块也多,只要没有串在一起,就不好记忆。比如,100个汉字,打乱了放在你面前,很不好记忆,但如果编成两句话,100个汉字很快就可以记住了。

举个例子说明。"典,割,潮,绿,球,咋,操,能,太,削,葵,夸,领,疼,任,芳,佃,专,畔,灶",以上20个汉字,如果要快速把它们记住,用重复念读的方法很难做到。怎么做才能快速记住呢?我们必须找出字之间的关系,如果能编成一句话就更容易记忆了。表面看起来,这些字之间真的没什么关系,也没有什么意义。那怎么办呢?只能编造关系了。先处理前10个汉字:典割(点歌)潮绿(草绿)球咋操(作)能太削(小)。合并想象成:点歌要按草绿色的那个球形的按键,咋操作呢?能不能别太小声。再进行一次压缩:点歌草绿球,咋操能太小。

我们试着回忆一下:典,割,潮,绿,球,咋,操,能,太,削。

是不是已经背下前10个汉字了?

我们根本无须编完美的故事,只是整理了一下,记忆就变得轻松了。实际上,上面的例子是从网站上随机生成的汉字,并不是事先准备,刻意找出关系,再做成案例的。强调这一点是想告诉大家,如果勤加训练,快速记忆可以达到信手拈来、随心所欲的境界。

接下来,记忆后面的10个汉字:葵夸领疼,任芳佃专畔灶。葵花(一个人）胯和领子的位置疼，任芳垫砖半块到灶头来看她。想象一个叫葵花的大人，胯痛，领子的位置也疼；叫任芳的人，脚垫砖头半块，透过灶头看她。压缩想象变成：葵夸领疼，任芳佃专畔灶。试着回忆，是不是可以很快背出来了？

其实这里的关键不是故事帮你记忆，而是这些字前后产生了联系，这些联系可以帮你把前后的信息回忆起来。

从上面的例子我们看到，本来没有关系的字，如果重复念，一定很难记忆，进行处理之后，变成了有意思的内容，而这些内容被"合并"在一个故事里或是一句话里；这个故事或这句话不需要很完美，只要有内在联系，就可以帮我们很快记住内容。我们之前记忆100个数字，5分钟左右把数字背下来，也是借助这样的方法。记忆数字方法成功的主要原因就是把没有关系的数字通过谐音联系在一起，用故事把内容组合成一个模块，让它们变成一个整体。有了整体和联系，信息就变得很好记忆了，这一点很重要。

很多人记忆的时候，不善于发现信息之间的关系，这是记不住的主要原因。有些联系不一定要正确理解，也许是"扭曲"的，或是我们故意强加的，目的是帮助我们快速记忆，而不是去编一个完美的故事，不是去做正确的理解或建立符合逻辑的关系。能发现正确的关系和逻辑是非常好的事情，但是如果一时半会儿找不到正确关系和逻辑，那就自己编造吧！不一定要追求完美过程，只要帮助你达到记忆的目的即可。

> **小贴士 Tips** 记忆不追求信息之间的完美关系，不管是扭曲联系还是强加联系，只要能快速联系起来帮助记忆的就是好方法。

第四节
缺乏图像联想能力

有一些学员告诉我，他们很难想象出某些画面，原因是自己压根就没见过想象的内容。如果你没见过某样东西，或是本身对这个东西不了解、不熟悉，想象出来的画面肯定没有真实感，也不清晰，只能产生轮廓性的画面，存在脑海里的想象画面也是模糊的影子，甚至连个影子都不是，更像抽象画，在脑海里只是一坨糨糊。这种情况源于缺乏生活体验，不知道内容该如何想象。遇到这种情况怎么办呢？有三种方法可以解决，并且可以帮助我们达到提高图像感和联想能力的目的。

第一种方法，从网络上收集相关词汇的图片。比如，在各大搜索引擎的图片板块用关键字搜索你需要的词，你会发现能表达相关意义的图片有不少，从中选几张你觉得能够很好地表达词语意思的图片，收集起来。积累一段时间之后，你会发现你看到很多词都可以想象出它们的画面，哪怕这个词你以前没有见过，你也会很快想到画面。这是因为你收集多了，看得多了，大脑已经积累了很多清晰的画面，再想象、创造新的内容也会轻松很多。

如果你觉得搜索引擎没办法帮助到你，收集图片太浪费时间，也不喜欢经常上网看这些图片，还有第二种方法，那就是训练转化能力。所谓转化能力，就是利用印象里已经存有的画面图像进行想象、创造，或是谐音，或是假借这些图像代替你需要记忆的图像，以达到想象画面而记忆的目的。后面我将详细说明怎么训练使用这种方法。

转化经常会出现重码，也就是同音或意义接近的东西，多了会混淆，对记忆产生干扰。此时，可以借用第三种方法来区分内容：建立转化词条图像基础库，意思是专门为生活中遇到的句子或词建立图像。我们不需要把所有的词和句子都转化成特定的图像，只要将常用的、难记的或必记的词和句子转化成图像就可以了。这一种方法还能更好地丰富内容和提高转化的质量。

假如我们记汉字读音，在不重复的情况下，需要记忆多少个发音，才能把汉字所有状态都包括在内，建立专门图像编码库呢？这得看我们的拼音有多少个。通过《新华字典》，我们可以查到汉字拼音（不加声调）有近400个。也就是说，你只要记400个图像，那么每个汉字的发音就都有图像了。但只记下发音图像，却没办法区分4个声调，怎么办？声调可以通过增加图像或改变记忆时的状态来区分。去掉声调记忆问题，我们只需要记忆400个图就可以完成所有发音基础图像的建立，这400个图就是基础图库。

是不是也可以建立词语图库呢？普通词语就有十几万个，数量太大，不适合一一建立图像。那是不是拆成单字记忆呢？拆成单字，用400个发音的编码图像是不是可以直接背诵呢？这样记忆的图像量会不会太大呢？会不会把词的意义拆开了呢？有一些词本来就是形象的，拆开记忆更浪费精力，而并不是所有的词都可以拆成单字记忆。那这样建立400个拼音图像还有意义吗？

拼音图像库只能用于一些单字和听音的记忆。如果专门建立词图像库和句子图像库，工程量太大。所以第三种方法只能是协助，并不能"量产"。

总之，我们需要在生活中积累一定量的图像，这样我们在快速记忆的时候才有原材料。不然巧妇难为无米之炊，有方法也没办法进行思维上的加工，也就很难练成"快速记忆之术"了。

小 贴 士
Tips

为了提高记忆效率，我们不需要把所有的词和句子都转化成特定的图像，只要将常用的、难记的或必记的词和句子转化成图像就可以了。

第五节
不会转化且图像清晰度太低

有的人在生活中积累了图像,记忆速度也比别人快,但是要求他对一段文字进行记忆或是示范记忆过程时,他就开始犯晕。因为没有养成处理文章内容的习惯,他只会转化词语或一些短句,所以记忆文章的时候还是用拆分的方法,一个词、一个词地转化成图像。这样做起来很累,而且一般文章也不需要这样记忆。所以,使用记忆方法之后,还要通过重复地读来达到记忆的效果。他只会快速记忆数字或词语,记忆文章或学习时,还是不会应用,不知道该从什么地方下手,这是因为不懂转化文章的内容,只是学会了几种简单的快速记忆技能,并没有真正地学会应用。

那么文章怎么记忆呢?前面我们是针对字词进行转化图像的积累,实际上,我们学习的时候面对的是整体的知识,是有逻辑和脉络框架的。所以,我们需要针对脉络框架的记忆转化技巧。一般文章,我们可以使用目录树或思维导图进行整理,找出整个逻辑脉络框架,然后用这个框架进行整体式的内容转化,也就是通过意义转化图像,而不是通过谐音或词语。有了这样的转化方法,记忆方法的用途就广泛很多。

转化是分阶段的。第一个阶段是使用谐音的方法转化一些汉字词语;第二个阶段是使用一些固定的内容代替特别词语,并积累一些词汇的转化,遇到短句子和词语都可以快速转化成有含义的内容进行记忆;第三个阶段是学会使用意义或是整体知识内容对整个知识点进行图像转化。达到第三个阶段,才算是转化能力到位了。

很多人不知道怎么判断图像的清晰度,接下来我就来讲讲怎么判断。

首先，我们可以把想象的清晰度设为最高分10分。10分是一个什么样的境界呢？我们定义为跟做梦一样，真实感很强，像看到真的东西一样。合格分数为5，定义为刚刚好知道这是什么东西，能判断出这个东西的名称和内容。根据以上的标准，我们将想象的清晰度划分为10个等级。

1分：状态为能够感知，但什么都无法判断。只知道想象了一个东西，但不知道这个东西到底是什么。

2分：能知道东西是什么类型的。比如，知道是动物，但不知道是什么动物。只知道类别，不知道具体是什么。

3分：知道分类，也能判断一点内容。比如，知道是动物，知道肯定不是虫，但具体是什么不知道。

4分：知道是什么内容，也知道一点儿特征，但依然无法判断是什么。比如，知道想象中的是动物，有四条腿，会跑，有尾巴，但不知道具体是什么。

5分：知道是什么，能判断出来名称，但只有一个大致的轮廓，图像不清晰。比如，知道是狮子，但是具体形象不是太清晰，只有一个抽象的轮廓。

6分：想象时能辨析是什么东西，有轮廓，有特征。比如，知道想象的是狗，而且知道是小型犬还是大型犬，是田园还是泰迪等品种，大概知道是什么样的。

7分：除了了解6分所能辨析的，还知道是什么颜色，知道长什么样，有明确的特征，且这样的特征最少有3个。

8分：基本特征都清晰，只是个别地方模糊，但还是可以想出来。比如，想到电脑，你知道是什么品牌，知道屏幕多大，知道是什么颜色，像看到一样清晰，只是可能上面印的一些字或个别地方不清晰，但还是知道存在。

9分：基本特征都很清晰，没有模糊的地方，只要知道的点都是清晰的，但有可能还隐藏着你不知道的特征。这些没发现的内容可以脑补成其他内容，同样清晰存在。

10分：与真实的一样，就像在梦境中一样，五官感觉都有。

一般的训练中，我们要求最少5分才算合格，不然没有图像，记忆效果是不好的。

想象要有一定的清晰度，训练才有意义。那么，想象清晰度为什么会不够呢？是什么原因导致想象清晰度不够呢？

主要原因还是训练次数不够多，对一个东西的想象只存在于一般的观察基础上，观察不够深入。清晰度练习非常简单，只需要观察内容，然后回想，对照实物进行对比，再观察、回想、对比……不断重复，直到可以想象得与真实的一样为止。

除了想象清晰度训练，记忆内容也需要进行想象训练。转化好之后的内容是需要进行再次转化练习的，直到这个过程非常顺畅才算是练习完成。

小贴士 Tips 只有懂得转化文章的内容，学会使用意义或整体知识内容对整个知识点进行图像转化，才算是转化能力到位了。

第六节
不尝试回忆和不正确地重复

很多人觉得使用记忆法之后必然能够获得永久的记忆，再也不会忘记，这是一种错误的想法。所有的记忆都会或多或少地被遗忘，我们没办法让记忆永久保持。所以，当记忆完成之后，一定要试一下是不是记住了。这种尝试不是复习，而是在完成记忆之后马上进行检查，试着回想。

比如，你背完一句话，马上不看内容回忆这句话，这种动作就是尝试回忆。这样的做法有利于瞬时记忆变成短时记忆。也就是说，能让本来只能保持几秒的记忆，保持到几分钟甚至更长时间。

我们买手机的时候会选择内存大一些的，因为这样手机的运行速度会更快。但是，手机的内存再大也不是存储器或硬盘，内存储存的是临时记忆，暂时保留打开的程序，而硬盘是长期存数据的地方。记忆也是如此，感官接收到的信息很短时间内就消失了，相当于手机的内存，只能暂时存储，像我们写作业的草稿。如果想把草稿的内容保留起来，就要抄写一份正本。正本可以理解为存储器或硬盘。换个角度来说，背诵之后，如果不马上进行尝试回忆，记忆是很难永久保留的。

所以，我们要养成一个习惯，在背完之后马上回想内容，进行记忆内容的确认。比如，记完20个词组，马上确认自己是不是已经记住了。如果记住了，就可以等到整个单元记忆完成再进行复习；如果没有记住，必须补充加强练习，直到完全记住。

有一些人很勤奋、很努力，拿到要背的内容后会不断地重复。前面我们已经讨论过，不正确地重复既没有效率，又不会有很好的效果。

如何才能把重复做好呢？前面说过要用心和有反馈，这些很重要。如果重复的时候慢慢来，重复时间长了，随着熟悉程度不断提高，我们会产生一种"顺利"感。你就会发现，读着读着，身体和大脑"自动化操作"了，你开始走神，嘴里读着，心里想自己的，不再用心，也就没有什么反馈了。

其中的原因，我相信大家也明白，太熟悉了，对内容也就不感兴趣了。我们的潜意识喜欢有趣味的东西，这些没意思的东西记不住。所以，我们只好用这一招来对付它，提高读的速度，同时需要保证不出错。在这样的压力下，注意力就很容易集中起来。这也就是我后面会讲到的使用速读、速听的方法来提高我们的复习效率。

特别是速听，可以使原有的复习效率提高2~3倍，有些人可以达到4倍。这样的效率真是非常的高，也让人很有成就感。

很多人不会合理地安排复习，比如，记忆了单词之后，马上就进行回想，发现自己记住了，就以为完成了任务。大部分人背完了整个单元甚至整本书的单词之后才复习，或是第二天复习时发现记住了，就再也不复习了。没错，这时候你的记忆过程是完成了，但是你需要再进行复习时间安排，而且这个时间需要有规律，要符合艾宾浩斯遗忘曲线。最好是循环复习，锁链式复习，一环扣一环地进行复习，后面我会详细讲解。

小贴士 Tips 要巩固记忆效果，除了按照艾宾浩斯遗忘曲线复习，还要尝试回忆，使用速读、速听的方法提高复习效率。

第七节
小笛是怎样做到 30 秒背下古诗的

　　小笛的老师提出问题：如何训练才能让小笛提高快速记忆能力？每天学什么，做什么作业练习？

　　就算找到原因，但给孩子讲方法，还需要有一套行之有效的方案。方案要有明确的步骤。于是我给小笛设计了两节方法讲解课，外加训练作业和训练效果检查要求，让老师配合操作，内容只针对古诗记忆。

　　读到这里，有朋友就开始提出疑问：为什么方案设计只针对古诗？难道除了古诗，记忆其他内容就不灵了吗？记忆力提高了，不是可以快速记忆所有的内容吗？

　　我用手机打个比方，你见过哪一个手机应用程序可以解决所有问题吗？实际上，记忆方法和应用程序的道理是一样的，每一种记忆加工思路基本上只能适应对一种信息的记忆。个人天生的记忆力，也就是我们说的机械记忆能力，在这个过程中得到的提高是很有限的。所以，针对一种信息的记忆训练，是不可能解决所有记忆内容的。

　　不过，如果每种记忆信息都需要设计，那学记忆方法就真的没意思了，增加了好多准备工作。背个单词要训练背单词的方法，背个课文要训练背课文的方法……总之，所有的记忆项目内容都要训练，分类之后训练起来，没个一年半载恐怕很难学完吧！理论上这么讲是没错的，但等你进入训练之后，你会发现，原来记忆方法的"套路"很相似，如果你学习了前面的方法，后面的方法训练起来会"省力"很多。来算这笔账吧！假设你训练了3个月的数字记忆，接下来训练扑克记忆，可能只需要1个月就可以达到目标了，因为这两个项目的训练方法是相通的。只要我们训练了数字记忆，那么，连同定桩和联想能力，还有扑克的编码图像等其他类似项目也会同时得到训练。等你训练扑克记忆的时候，你会发现，你已经训练过类似的内容，操作起来非常顺手，很快就能熟练起来，所以也没有想象中那么难。

接下来我们就一起来了解小笛的训练方案到底包含了什么内容。我们的目标是古诗，所以，第一，我们必须找到古诗的标准教材，针对教材内容进行分析，这样我们可以了解内容的形式，知道需要怎样去设计转化图像练习。由于我们找的是标准的小学古诗78首，基本上都是五言或七言，而且都有插图内容，即具体的形象画面信息，所以我们就不需要帮助小笛转化图像了，只需要让他明白这些内容是什么意思，让他自己想象画面就可以了。

第二，我们认为小笛背的这些内容中，有些比较简单，可以进行文字想象力训练，而不是转化图像训练。通过这个训练提高小笛的注意力和脑内的图像播放能力。

第三，小笛本身对古诗积累太少，朗读不流利，所以，我们还增加了对古诗朗读的训练要求。

第四，也是最后一步，当然就是针对古诗原文意思的理解学习。

另外，我们还设计了一周对所有内容进行复习的计划。也就是每天从背2首增加到背5首，从一周一次大复习到一个月一次大复习的设计，总训练时间一个月。

按以上的4个步骤，总结起来，我们只做了4件事：转化图像做联想、想象力训练、朗读，以及讲解古诗原文。

在经过一个月的训练，也就是经历了背78首古诗的练习之后，小笛同学对古诗记忆变得相当敏感。随后，我们给他一些新的古诗，统计他的记忆时间，发现最快的时候，他只用了不到30秒的时间就背下了一首陌生的古诗。

没有经过训练的学生，很难在30秒内背完一首古诗。速度快的30秒能读一次；动作慢的，可能一次都读不完。做不到，是因为方法不正确。下面我来告诉大家正确的记忆过程应该是怎样的。

平常学古诗，需要先学会朗读古诗，对古诗里的字进行学和认，确保都认识。随后，我们会对内容和每个词进行了解，明白古诗要表达的意思。弄清楚内容之后，才开始反复地读，直到背下来。这里的每一个步骤都没错，但是总体效率很低。

如果我们在第一次读古诗的时候，同时领会古诗所讲的内容和画面，然后在画面上进行联想，这样的学习很快就能产生记忆，效率比平常的方法要更高。但它同时也会给你带来痛苦，因为你需要联想其中的内容，对画面和文字间的关系进行再加工，还需要将一些抽象字词转化成图像，进行"扭曲"再记忆。这样的记忆过程也真累！如果训练一个月，能做到在1分钟内从一首古诗中想出这么多信息，就很难了。想必很多人开始害怕学习这种方法了。

那小笛的30秒记忆是怎么完成的呢？为什么他没有被复杂的心理加工过程难倒呢？

实际上，很简单，他一边读一边想象一些画面，在这些画面上产生文字想象，就只是单纯的文字想象，没有任何其他内容，然后闭眼回想，全部内容就自动展示出来了。

这是什么意思呢？为了让大家更好地理解，我举一个例子。大家都熟悉的《静夜思》，当你读到第一句"床前明月光"时，想到床，想到窗，想到月光透过窗照到床头！此时，脑海中就有了内在的画面。对古诗中的每一行字都进行画面想象。比如，在想象床前的画面时，脑中同时出现

"床前明月光"5个汉字；从"疑是地上霜"想到地上有霜，同时文字也想象在地上；举头看着月亮时，一行字出现在月亮边，内容是"举头望明月"；"低头思故乡"这一行文字，直接想象在诗人的面前。回忆的图像同时产生：诗人低下头，在想故乡。这样，画面和字结合，想象的内容和文字相互引导，纸上的字就自动浮现了。这是我们训练小笛的时候要求他做到的练习。根据小笛的描述，有时候，背完句子，脑子里就自动想象到画面，纸上的字也就自动浮现出来了。不需要任何转化联想，简单的汉字加上图画，就像漫画一样，浮在眼前。为什么会这样呢？因为我们的训练可以提高注意力，让精力更集中，所以有时候只要读一次，构建简单的画面印象，就能全文回忆出来，也就造就了30秒背一首古诗的效果。

如果你想达到这个效果，也可以试试，说不定，你的记忆速度会比小笛更快。

小贴士 Tips 读古诗的时候同时领会古诗所讲的内容和画面，然后在画面上进行联想，这样的学习很快就能产生记忆，效率比平常的方法要更高。

第八节
可复制的记忆模式：图像记忆

我们来总结一下，小笛的记忆经历了哪些步骤和细节，以便大家更好地模仿他的成功模式，更好地获得类似于"照相"的记忆力。

记忆方法的训练中，有3件重要的事情：图像联想能力、想象能力、朗读。

图像联想能力是看到古诗中重要的代表形象的词，脑子里马上出现画面。图像联想能力训练包括转化能力、出图能力以及联想能力的锻炼。通过这一训练，以后看到任何词或古诗中的内容，会自动将对应形象想象出来，还会联想出内容的意思，这就形成了印象深刻的记忆过程。重复练习78首古诗，可以让人基本上养成习惯，看到类似内容，马上自动调取记忆信息。这好比让你每天练习用筷子夹东西，练习了一个月，你拿起筷子就能夹东西。同样，拿起其他类型的"筷子"，也不需要经过思考就能夹起东西来。

想象能力训练，一方面能提高注意力，另一方面可以提高自身的记忆力。我们训练的内容是看汉字，然后马上闭眼，想象汉字的形象和汉字的符号。比如，看到"锄禾日当午"，马上闭眼，把这几个汉字想出来。想到"锄禾"，马上想到在田里干活的样子；想到"日当午"，马上想到太阳在中午的时候的样子。汉字在田里浮现，就像图像里出现了字幕一样。如果遇到不认识的字或不能想象的画面，就直接想象汉字。这样的练习，可以循序渐进，一开始只是一句话练习回想，后面可以增加到两句话读完马上回想。现在我带学生练习，一般都在两句话读完之后回想，锻炼的是记忆的广度。如果你愿意，还可以再加大广度。

最后，背完一首古诗，要做读的练习，要做到一口气读完不出错才算过关。一般是朗读10~20次。这种朗读是发出声音，大声地读出来。

还有其他辅助性的练习，它们也是有用的，包括以下3个方面。

1.理解之后再转化图像。个体对图像有正确认识，对图像能理解，最好有生活体验。

2.图像产生之后多练习，提高清晰度和反应速度。

3.针对模块做练习。对一个信息产生模块之后，基本上就是不记而记忆。所以，记的内容越多，记得越熟悉，以后再记忆就越快。

以上3个方面，除了第一点依赖理解，其他两点都是需要慢慢积累才会有的。

在这几年的记忆培训中，以上的训练方法帮助很多学员提高了记忆力。我也针对不同的人做了多套不同的训练方案，以便更适应不同的个体，我会在后面讲解训练时给大家展示。

小贴士 Tips 提高图像联想能力，增强想象能力，并以朗读收尾，这是可复制的图像记忆模式包含的三要素。

第三章

记忆宫殿缔造的记忆奇迹

在中世纪，很多会记忆宫殿秘术的人都被处死了，因为他们被认为掌握了具有神秘力量的"邪术"。这到底是怎么回事呢？为什么这些人掌握了记忆宫殿秘术之后，会变得学习能力超强、想象力丰富？让我们重回中世纪，去了解当年学会记忆宫殿秘术的学者，了解他们敢于创新和敢于挑战的精神。当教皇施行愚民政策，打压他们科学的思考，扼制他们的想象时，他们依然勇于创新。他们给我们留下了很多方法和有趣的设想，这些内容至今都很有参考价值。

第三章
记忆宫殿缔造的记忆奇迹

第一节
西摩尼得斯与罗马房间法

在中世纪之前，人们把记忆当成一件十分重要的事，很多老师都会教学生记忆的方法。后来印刷术流行，大家便开始依赖印刷品，减少了背诵记忆。使用记忆方法的人逐渐减少，慢慢地，记忆秘术就遗失了，甚至人们的记忆能力都出现了倒退。20世纪90年代，英国人托尼·博赞组织了世界脑力锦标赛，并以商业化形式运作推广，才得以把秘术再现于世。

两千五百多年前，有一个诗人名叫西摩尼得斯，他的诗写得非常好。因为在经济上并不富裕，他便常常给富人们写赞美的诗歌，以此换取佣金。有一次，他为一个老雇主写诗，并在雇主的要求下，在这个雇主的会客大厅中朗诵诗歌。他来到现场，发现座位是按照地位、等级排列的，当时他没有多想，直接上台认真地朗读，希望能得到雇主的认可，多得一些小费。

结果事与愿违，因为他的诗中同时赞美了双子天神，吝啬的雇主鸡蛋里挑骨头，只付诗人一半的费用，让诗人找双子天神去要另一半。诗人无奈，只好退回坐席。他刚坐下，听到外面有人大声叫他的名字，便循声而去。刚踏出大门，一阵大风使大厅顶塌下来，大厅中所有的人都被压死，连面目都分不清，家人领尸时也无法认出谁是谁来！这时候，西摩尼得斯帮了大忙，他依人们的座位顺序判断出每个人物，而且准确无误。

这事给了西摩尼得斯非常大的启发。他认为自己记忆力再好，如果当时的宴席没有分好类别、排好位置，而是杂乱无章，自己也不可能记清。只有分好类别，再加上房间里设好位置、摆放好，内容才可以清晰，才能利于长久记忆。所以，他发明了房间记忆法，又称"罗马房间法"。史景迁教授则称为"记忆宫殿"。

西摩尼得斯的故事记载在西塞罗的《论演说家》里，书中讲解了记忆方法，这是最早的关于记忆方法使用的记载。从这以后，一直到中世纪，很多记忆高手不断地使用并改进记忆宫殿方法。下面我们就简单地介绍一些人物和他们的记忆方法，让大家对记忆方法有更深刻的了解。

西塞罗之后的一百多年，人们对记忆术的使用一直停留在《论演说家》介绍的方法上，直到教育家昆体良出现，他带大家将记忆术使用于不同的场景中，并进行更细化的"记忆宫殿"打造。随后，近千年都没有方法创新。

大约15世纪以后，出现了使用字母与数字进行对应图像编码的方法。这种方法改变了过去需要使用地点桩的状态，使用数字编码方法（后面会讲解数字编码方法）来进行定位和排序。数字编码方法提供了大量的定位"序号"而非"地点"，好处是不需要地点也可以记忆，缺点是记忆速度没有"地点"记忆快。实际上，这也是20世纪之后常用的"挂钩"记忆法，但是当时并没有采用词语或文章诗句进行挂钩，而是使用数字和字母的对应词语做编码进行编码记忆。

总之，15世纪之后，人们开始使用新的记忆方法，也开始大胆地把"想象力遗失的部分"找回，也就是不限制想象的内容和结构，不再像15世纪之前那样，想象必须"圣洁""符合逻辑""和现实一样"等。我们真的很难体会，在脑海里面想象一个画面，还需要以自己的身高和手肘为参照去丈量空间大小的时代；也很难理解，抛弃了自由想象的记忆法会是怎么样的。今天我们可以使用"被遗弃的秘籍"，而且没有任何人会管你脑子里是怎么想的，你可以自由地想象任何内容。

虽然我们今天可以自由想象，也可以把这种想象做成动漫，做成任何形式，但是在宗教氛围森严的中世纪，却有人因为拥有这样的想象力，并把记忆方法技巧和想象技巧教给学生，而引来"灾难"。

小贴士 Tips 西塞罗的《论演说家》是最早的关于记忆方法使用的记载。15 世纪之后出现了数字编码方法，也是我们现在说的挂钩记忆法。

第二节
布鲁诺发展了记忆术

记忆术得到发展是因为宗教兴盛，传教士的学习背诵量比较大，必须寻求方法。也因为宗教，大家使用方法都非常谨慎，不敢加入太多想象夸张的成分，更不敢想象有魔法飞行或一些离奇古怪的东西。如果你加入鬼怪和暴力污秽的想象，将被视为悖逆的罪人，受到处罚。所以，没有人敢做这样的挑战。而且许多厉害的记忆术高手都会给出一些记忆信息的要求，比如，想象要符合现实，要神圣、圣洁、光明，要符合事物内容，要在想象中用手进行丈量，保证尺寸不能偏离，等等。

然而，却有一个人与众不同，他偏偏在记忆中加入魔法，而且还写成书，这一点激怒了当时的教廷。不仅如此，他还挑战当时大家公认的地心说，支持日心说，挑战当时的权威。这个人就是乔尔丹诺·布鲁诺。

布鲁诺曾是一位神学的修士。他在学会记忆术之后，无视大神学家的忠告，在记忆术里加入了"魔法"，并使"魔法"在记忆术中得以应用。据说后来有人为了告他，假装拜师，从他这里偷学了方法，然后一纸诉状把他告到宗教审判所。年日已久，我们已经无法考证是不是真有此事。但是，他把记忆术联想的逻辑从限制、束缚中释放出来，大胆地尝试想象魔法，让记忆技术可以怪诞，可以变异，可以使用各种"魔法"，这应该是进步，也是想象力的释放。

在我教学的过程中，也有不少家长质疑，鼓励孩子用夸张、扭曲信息的方法以达到记忆的目的，会不会得不偿失。这个问题不需要科学实验，更不需要论证。电影里有很多无厘头搞笑，扭曲事实；动漫里面有大量的魔法；做"白日梦"时，大量的"创作"都是不符合逻辑的。为什么大家不质疑呢？那是因为，大家都知道那是"假"的。那为什么记忆术使用"魔法"，就被认为会影响正常的心智呢？因为目的不一样，过程就必须被质疑吗？

根据目前非常流行的左右脑分工理论，我们知道判断和逻辑是左脑的工作，而想象和创造是右脑的工作。也就是说，任你怎么想象，那是右脑的事，最后你知道想象是不是真的，那是左脑说了算。左右脑分工明确，判断想象对不对，要训练左脑，跟负责想象和创造的右脑一点关系都没有。为什么我们还要纠结呢？换句话说，没有人会因为梦境太真实了，就把梦境当真，也没有人会把正确的常识认为是虚假的魔法，因为清醒状态下，大脑负责判断真假和想象创造的工作"部门"是不一样的，它们是分开的，所以不怕混淆。

记忆过程中，我们可以大胆地创造和想象，夸张、扭曲信息，达到刺激大脑、加深记忆印象的效果，而对知识进行考证和正确理解，那是我们理性学习和理解的事。将这两个过程分开来考虑，你就会发现其实它们是不同工作、不同过程、不同内容，并不会彼此影响。

从布鲁诺把"魔法"加入记忆方法以来，我们使用记忆法时，思维上得到了解放，再没有什么能限制我们的想象过程。我们可以像作家写科幻小说一样，把记忆过程变成神奇的历程，也可以把记忆过程变成卡通世界。是布鲁诺把"记忆遗失的部分"重新拾回，也是他用生命争取了更多的可能性。即使他被学生"盗学"内容以作证据，最终被送到审判院，我相信他也绝对不会后悔。

从中世纪到今天，我们没有发现有"魔法"的记忆术使我们活在编造的虚假"魔法世界"里，其反而帮助我们提高记忆力，提高学习效率。记忆法发展虽然没有惊天动地，但是技术也改进许多，有很多变化，从使用地点记忆到利用字母、数字对应关系排序，再到现在的挂钩编码与关键字模型。这一切都说明当时的这一套秘术是经得起时间考验的记忆方法，也是学习方法中非常有用的技术。

小贴士 Tips 布鲁诺把记忆术联想的逻辑从限制、束缚中释放出来，让我们在记忆过程中可以大胆地创造和想象，夸张、扭曲信息，达到刺激大脑、加深记忆印象的效果。

第三节
记忆法并不会造就异类

人类对自身拥有超常的记忆力有着向往，但很多人学完就忘记，很多知识的掌握经过大量重复训练，最后还是进不了脑子，这样的人会被视为"天赋差""无药可救"，总是左耳进右耳出，知识在脑子里留不下任何印象。

如果有人可以做到学完就记住，一学就会，会被视为天才。但这是好的方面，在不好的方面，一些孩子会被视为"异类"，引起一些树大招风、枪打出头鸟的不良联想。

我曾经做过学龄前儿童的记忆训练，有一位奶奶就跟我提过这样的疑问，还提出要求停止自己孙子的学习，原因是她的孙子才5岁，来我们这里训练一周之后，已经记住了几十个国家的国旗和首都名称，还背下了几十首古诗。她担心孩子小小的脑袋学"爆炸"了，甚至害怕他学太多东西学傻了。

已经21世纪了还是有这样的思想，这也是很悲哀的事。

人的大脑皮质有近150亿个神经细胞，能装下比全世界最大的图书馆的书还要多的信息。孩子正在成长和学习的阶段，早期教育只要在合理和科学的计划下，只会有帮助，不会有坏处的。

当然有一些家长认为过量地学习知识，有拔苗助长的嫌疑，有可能导致孩子1年级就已经学完6年级的知识，在学校和其他孩子的交往有问题。他们认为知识和智商超过同龄人，对成长不好，学习太超前不利于身心的健康。这样的担心是可以理解的，但是合理地提高情商和智商，对孩子学习还是有帮助的。凡事讲究"度"的把握，这才是我们需要思考的，而不是消极地担心，最后放弃提高能力，干脆什么都不做，听天由命。这样是危险的，因为错过了最好的学习机会，以后孩子对学习的兴趣会减少，对基础能力的打造也有很大的影响。

跟我学习的学员很多，其中就有一些是高学历的，他们背《道德经》，二十多个小时就可以背得很熟。而有一些低学历的学员，他们读起来都磕磕绊绊，花了几个星期才勉强背完。这就是基础能力的不同，起跑线不一样。让一个有能力承受100公斤的人去承担50公斤的活，一定是轻松自如的。所以，基础好的人，一定学习得更开心。我们需要的是打好学习基础，并不是去创造一个超乎常人的"异类"，我们要的是一个普通人，在各个地方都表现出色，能完成自己重要的工作任务。

记忆法并不能创造出那种超常的人类，记忆法只是在机械复述过程中加入精细加工，让重复变得更加有效，让短时记忆转化成长时记忆的过程变得更加有效率。

对超常的记忆带有恐惧的人，或者认为提高记忆力会改变自己内在结构，让自己变成"异类"的朋友，我只能说：朋友，你想多了。

如果你用心学习记忆法，会发现记忆法是一种内心的思维过程，是一种心理加工过程，并没有改变生理结构。长期使用记忆方法反而可以提高内在的记忆力，让你的记忆力也变得越来越好，起到锻炼记忆力的效果。只是没有你想象那样，变成"照相机"，只要"咔嚓"就可以把信息印刻到你的大脑。我在从事记忆培训的13年中还没见过这样的天才。每个人都需要通过努力训练记忆技巧，对需要记忆的内容进行图像转化，变成有意义的想象的画面，然后存放到指定的想象空间上，才能记得牢固，没有例外。只是训练次数多了，大脑能自动完成过程，所以速度变得快了。像拿筷子一样，用的时间长了，拿起来自动就会用，不用思考。当你看到别人

40秒记一副扑克，你知道"高手"对这副扑克的内容进行了多少次的图像转化和记忆过程训练吗？以我的经验，40秒记忆一副扑克，需要近半年到1年，每天1~3小时的训练。所以，大家不必担心这种方法会把自己变成"异类"，或是想象它可能造成危害而恐惧，这都是没有必要的。

小贴士 Tips 记忆法是一种心理加工过程，并没有改变生理结构，长期使用记忆方法可以让你的记忆力变得越来越好，起到锻炼记忆力的效果。

第四节
体验联想记忆法

为了让大家体验超级记忆，接下来会介绍一种叫串联联想记忆法的方法，有一些老师叫它锁链记忆法。不管叫什么名称，其本质并没有改变。下面就让我们一起了解一下它吧！

如果你面对10个无规律的词，最原始的记忆方法是读它们，不断地读，直到尝试回忆完全正确为止。但对于下面我给出的这10个词，你不需要重复读也不需要默写，只需要跟着我的引导，在脑海里想象它们就可以了。

接下来在大脑里想象一个画面：你自己拿着一只"毛笔"画出一辆"手推车"；"手推车"变成真实的，里面装满了"蘑菇"和"山竹"；你推着装满了"蘑菇"和"山竹"的"手推车"撞到了一台"洗衣机"；"洗衣机"里面有一条吃人的"鲨鱼"把"鸭梨"（压力的谐音）送给了一个读"法律"的年轻人；读"法律"的年轻人拿着"火"烧"金鸡"（经济的谐音）。

我们来尝试回忆（请回答出词语）：你手里拿着什么东西呢？画出了一辆什么样的车？车里装满的两样东西是什么？车撞到什么了？这个机器里面有一只什么动物？动物把什么东西给了一个什么样的人？这个人手里拿着什么东西？烧了什么？

现在请你在脑海里再回忆一遍，同时尝试把这些词回忆出来。

对照这10个词：毛笔，手推车，蘑菇，山竹，洗衣机，鲨鱼，压力，法律，火，经济。

请检查，看看你是不是记对了。

我相信，只要你的脑海里有画面，只要理解故事，你就一定可以记住它们。

如果以上10个词的故事你觉得记忆起来有困难，读一次回忆不出来，有可能是理解问题，或是文字阅读问题，可以尝试让别人把这段内容读给你听，以便你快速地掌握。

请重复练习直到掌握，再学习后面的内容。

接下来，我需要给你说明非常重要的重点，请注意读下面的一段话：

我们记忆完之后，我帮你做了逻辑建构，提了像"手里拿着什么？"这样的问题。这些问题并不是简单的提示，而是在你脑海里建立了一个故事的逻辑框架和回忆的线索。以后你自己记忆时，也需要这么做，给自己一个逻辑框架，在这个框架下面，问自己这画面代表什么意思、为什么是这样……

养成自我提问和回答的习惯，就能帮助你提高理解能力和记忆力。所以，你必须重视这一部分的操作，并且经常模仿练习。养成思考习惯之后，你的思考能力和记忆力就会得到提高。

至于有没有其他提问操作方法，大家可以参考5W2H提问法。

10个词的记忆虽然很简单，但是练习到变成一种能力需要坚持。你可以每天练习5~10组，坚持1~3个月，让自己经过量的练习获得质的变化。很多学员坚持这样做后，可以10秒以内背下来10个词，相当于读完就可以顺背、倒背。一般没训练过的朋友，面对10个没有规律的词，没有几分钟是背不下来的，所以对比下来，经过训练后记忆力提高了好几倍。

更重要的是，这种练习能提高我们的联想能力、回忆能力和记忆力。有一些人总是说"我老忘东西""刚才别人说的东西我全忘了""看到一个内容就是想不起来和它关联的事件了"……这些问题在训练了串联联想记忆法之后都可以得到改善。

串联联想法还可以帮助我们快速地记忆一些零散的知识点。具体的应用方法将在后面的章节讲解。

串联联想记忆法是记忆方法中最基础的方法，也是最重要的，所以希望大家在掌握方法之后勤加练习。

除了使用串联联想方法记忆零散的知识，我们还需要记忆大块的信息，接下来我们将探讨如何记忆它们。

小贴士 Tips 串联联想方法也叫锁链记忆法，可以用于快速记忆零散的知识点，是记忆方法中最基础、最重要的部分。

第五节
大量的信息怎么记

中世纪之前的记忆高手是怎么记忆大量信息的呢？在文字记载中，我们得知他们用的方法是："地点+影像"的模式。这种模式的缺点是需要很多的地点才能背完一本书。如果书里的每一个字都要记忆的话，去哪里找那么多的地点呢？地点不够，记忆内容装不下，这也是初学者最头疼的问题。记忆法发展到后期，即中世纪之后，为了解决地点不够用的情况，引入了编码语句组合的方式。这种方式确实省了找地点的麻烦，且可以快速地记忆信息。但是这类方法比较适合只记内容、不记文字的情况。如果需要一字不漏地背诵内容，还是搞不定，必须使用前人的"地点+影像"的标准模式，才可以达到倒背如流、任意抽背的记忆效果。

还是老问题，用地点桩记忆，需要大量的地点该怎么办？到哪里去找那么多地点桩呢？眼睛能看到的地点是很多的，只是初学者觉得顺眼的地点不多，因为自身想象力修炼得不够，逻辑顺序不清晰的地点，就找不出桩子来了，所以才会感到地点桩数量太有限了。如果内容不合格，我们就自己造出合格的图像，从记忆的内容里想象出图像。比如，背周易64卦，每个卦名本身就是地点桩场景，如乾卦谐音成牵挂，或是想成钱瓜、钱褂等。通过联想想象的词找出图像，这些词直接就可以成为回忆标题或原文的关键点。根据我们刚才从乾卦联想而来的"牵挂"，发挥想象力，想象老妇人在为儿子织毛衣的画面，寓意为牵挂儿女。这就由原文谐音产生了图像，再从这张图像中扩展地点，就可用于记忆内容。

也就是说，只要根据原文内容进行谐音、扭曲变形或意义联想，再从获得的图像中找出大量的地点进行"地点+影像"的操作，就可以解决初学者地点桩不足的问题。

不过这样做又有一个新的问题：图像有了，每张图可以记忆很多知识点，但是图和图是分开的。比如，你的第一张图记忆第一个内容，第二张图记忆第二个内容……图的数量多了，不同内容被分开，靠什么把这些图联系起来呢？比如，前面举例的周易64卦，如果我们产生了64张图像，这64张图是分开的，怎么样准确找到第几张图像是属于第几卦内容呢？怎么知道图像后面跟的又是哪一张图呢？就像学校里排队一样，全校学生排在一起，如何准确知道"小明同学"后面跟的是谁呢？难道需要一张张去找吗？

实际上，我们不需要对这64张图下手，而是对这64张图的名字下手，也就是用它的名称来定位。怎么定位？另找64个桩子来背这64张图，还是使用数字编码进行挂钩记忆做提示标记呢？其实最好是用编码定位。后面我会给大家操作演示64卦的记忆，具体体验之后，大家自然能明白，为什么编码定位比桩子定位图像要好一些。

还有一个问题，就是除了记忆一本书的大型记忆操作，有很多零散的内容，如错别字、名人名言等，这些内容怎么进行记忆操作呢？它们没有主题名称可以联想图片，都是散成一堆的短小内容。这意味着我们必须准备足够多的桩子才可以进行全盘记忆。而这些桩子从哪儿来呢？

我们可以使用一些有顺序的字词，比如《千字文》就是一个很好的桩子系统，可以产生1万个桩子。如何产生呢？我们思考一下，《千字文》本身有1000个不重复的汉字，每个汉字都可以引申出意义来，汉字意义引出来的图像就可以做成地点桩子。我们来算个账，一字产生一个意义，引发一个图像，一个图像找出10个地点。计算方法就是：$1 \times 10 \times 1000 = 1$万个地点。

第三章
记忆宫殿缔造的记忆奇迹

另外，数字编码也可成为桩子系统。很多人的数字编码有100个，少数有1000个。这就意味着最少有100张图，依然一个图像中找10个地方，就可以产生1000个桩子。

还有一种衍生虚拟桩子的办法，就是用10个房间，每个房间记忆10个词，每个词代表一个场景图，这样也可以产生100张图，也就是1000桩子。

除了这些方法，我们还可以从古诗里面发展桩子，对古诗中的字词进行衍生以达到产生图像的效果。

除了虚拟桩子的方法，我们还可以使用真实的地点。你可能没有去过太多的地方，没有看过很多的风景，但如今我们可以借助网络科技、全景地图，足不出户就获得大量真实场景，你只需要按照地图上的分布格局就可以做出很多地点桩子来了。

既然有了解决地点桩不足的方法，接下来的关键是怎么做。这一部分内容我会在下一章讲解。

小贴士 Tips　一些有顺序的字词、数字编码、虚拟桩子、全景地图等，都可以作为地点桩，用来记忆大量的信息。

第六节
多米尼克在用的记忆方法

从1991年托尼·博赞发起世界记忆锦标赛之后，至2021年，这个比赛在全世界范围内受到欢迎，并且成功举办了30届。多年来，不断有人打破世界记忆纪录，这些记忆大师们使用最多的方法就是地点桩方法。

在过去的30届世界记忆锦标赛里，有大量的世界纪录诞生。其中，获得了8次世界记忆冠军的记忆大师多米尼克，写了一本叫《如何通过考试》的书，书中告诉我们他的方法叫多米尼克体系。下面我给大家介绍一下。

多米尼克体系（下面简称"多米体系"）最初主要用于比赛。这套系统的目标是制作出1万个数字编码。打个比方，当你看到数字05的时候，可以使用谐音把05变成领舞，即一个会跳舞的人，带领着别人跳舞的动作。问题是，不是所有的数字都可以找到谐音，而谐音相似可能会导致混淆，比如16和46都可以用石榴作为图像，因为发音相似。怎么统一这些数字和它们的谐音呢？多米尼克使用了19世纪前后最常见的一种方法，把字母和数字对应起来，然后使用拼写的方式，转化出编码。比如，A对应1，我们可以写成A = 1，那么apple这个单词，就代表1；B = 2，那么boy就代表2了。如果遇到数字12呢？就是两个单词的首字母，比如，American boy，意思是一个美国男孩子，画面就是一个美国男孩子，这个画面代表的就是数字12，所以以后看到美国男孩就想到12。这种方法对数字对应的词的内容进行了组合。如果组合两套两位数的数字图像，就有1万组数字，从而对应1万个词或短语。

我们把数字代表的词或短句引申出来的图像叫作数字编码。比如，

0433，0=O，4=D，3=C。这时ODCC就代表0433。在多米体系里，OD用奥托·迪克斯（Otto Dix）代表，CC用查理·卓别林（Charlie Chaplin）代表。那么0433怎么联想呢？两个没有关系的人物，没有动作或物品，很难进行联想。所以，多米尼克又加入了另一个元素"动作"。每个人物都有动作，比如，奥托·迪克斯的动作是画画，查理·卓别林的动作是走鸭子步。所以，0433按照"人物+动作"的公式，就是奥托·迪克斯在走鸭子步。组合之后我们就得到一个人在做一件事的画面。反过来，如果是3304，就是查理·卓别林在画画。

多米尼克的方法总结出来，实际就是一个公式：人物+动作。

人物和数字使用字母缩写的方法进行对应。动作是每个人的特征，是人物带出来的。也就是说，只要看到数字就可以想到字母缩写，由字母缩写就可以联想到人名，由人名就可以想到人的特征，而由人的特征可以联想到他的动作。

这个过程比较复杂，需要通过大量训练，把过程变成潜意识的反应。就像我们学习汉字，练习的结果是只要看到字词就能读出来，不需要再思考笔画和发音等，这些都是自动完成的。大量训练之后，看到数字也会变成一幅幅画面，而不是枯燥无味的符号了。

多米尼克就是用这样的方法横扫千军，在比赛中打败了世界上最厉害的顶级高手，成功8次夺冠。

多米体系还有很多细节，如果大家感兴趣，可以阅读多米尼克的作品。

国内外所有记忆大师的书中，无不举例说明了他们的数字编码和地点桩，以及他们如何使用地点桩打败其他记忆大师。

另外，我在生活中接触的所有记忆大师，包括我自己在台上做记忆表演，全都是使用"地点+编码"的方法，或者说都是使用"地点+影像"的方法进行记忆。

记忆大师们，包括后来19秒记忆一副扑克的纪录创造者，也都是使用"地点+影像"的记忆模式。总之，全世界所有的记忆大师都在使用这样的方法，目前我所知的还没有例外。

　　除了这种厉害且古老的方法，还有数字编码挂钩法、人物挂钩法、画图记忆和串联方法等诸多记忆方法。但是，如果你想成为记忆大师，一定要修炼"地点+影像"的模式。它就是我们常讲的大名鼎鼎的"记忆宫殿"记忆方法。

　　从下一章开始，我们将学习地点桩方法，真正去体验记忆宫殿方法的魅力。

小 贴 士
Tips

多米尼克的方法总结成一个公式就是"人物 + 动作"。国内的记忆大师全都是使用"地点 + 编码"，或者说是"地点 + 影像"的方法进行记忆的。

第四章

记忆宫殿使用方法

本章主要体验罗马房间法，带大家体验记忆大师们的记忆方法和心理过程，感受快速记忆信息，体验从地点影像中回忆出记忆内容的过程。

第四章
记忆宫殿使用方法

第一节
记忆宫殿简单模型

通过前几章理论的学习，我们对记忆方法有了全面的了解。在学习记忆宫殿之前，给大家捋一下记忆宫殿学习的整体框架顺序：先入门学习串联联想记忆10个词，再学习数字编码系统，而后学习地点桩记忆方法，然后学应用于各种文字内容的关键字记忆方法和画图记忆方法。

这样学下来，才算是完成了记忆宫殿课程体系的全部内容。

正式学习的时候，我会带大家体验地点桩记忆方法，同时把我设计的记忆课程体系，使用创造出来的地点系统进行记忆，让大家边学方法，边用方法把方法课程记下来。也就是招式学会了，心法也背下来了，就像武侠小说里的高手都是学功夫前把功夫"心法"背得滚瓜烂熟，我们也会在实践应用前，把方法和方法内容全部背熟。

记忆宫殿最原汁原味的简单模型系统是：找到一个房间，从房间里面按顺序找出物品，对物品进行编号，然后熟悉这些物品以及物品的顺序编号，以备记忆时使用。记忆的时候，使用联想，把要记忆的内容的影像和地点结合，才算完成记忆过程。

最好的记忆宫殿是现实生活中的房间。虽然我们不能面对面地进行这一项体验，也不用难过。我们可以发挥自己的想象力，通过看房间的图片，想象自己亲自走进这个房间，触摸房间里的物品，也可以达到体验地点记忆的效果。

虽然没办法和真实的感受相比，不过也没有关系，我们可以尽量找个安静的环境来进行想象练习，次数多了之后，画面清晰了，也是可以正常完成学习的。

你还可以在学完之后，模仿着从现实生活中找一套真实的地点，亲自完成真实记忆宫殿的打造，以便更快速地掌握方法的核心。

小贴士 Tips 最好的记忆宫殿是现实生活中的房间。从房间里面按顺序找出物品，对物品进行编号，然后熟悉这些物品以及物品的顺序编号，以备记忆时使用。

第四章
记忆宫殿使用方法

第二节
使用记忆宫殿的规则

十多年前我初学记忆方法的时候，特意随朋友去听了个记忆法讲座。讲座上，老师讲解地点桩的时候，带大家在教室里找地点进行记忆。正好找到讲台，按顺序是讲台在前、黑板在后，讲台挡住了黑板的一部分。等到开始记忆内容的时候，有一些人把黑板上联想的内容（牙膏）和讲台上联想的内容（小鸟）顺序颠倒了，也就是先回忆起牙膏再背出小鸟，而实际上顺序是"小鸟、牙膏"。

那时不懂，所以没特别注意，以为只是记岔了，多年以后，当我成为专业的讲师时才知道，这是因为前后地点不可在记忆人的视角上产生视觉阻挡。意思就是，想象的时候，前后内容画面不能重叠，如果重叠就会影响回忆，有可能造成遗漏和混淆。关于桩子，我不想定下太多规矩，因为第一次体验，太多规矩只会让大家觉得迷糊，学不下去。但如果没有规矩，大家可能走弯路，特别是我不在现场引导，全靠你自己阅读，所以请特别注意。

第一条规则：想象的时候，画面之间不要有视觉上的阻挡。

第二条规则：按顺序找，物品不可重复。顺时针或逆时针都可以，关键是要有顺序。顺着找出不同的物品，物品只要在同一个房间内不重复便可。也就是，第一个房间出现了"台灯"，就不要再找出一模一样的台灯，但是第二个房间出现台灯是可以的。

只要有这两个规则，就可以开始建立地点以帮助记忆。

除规则以外，有时初学者还会遇到下面的麻烦。

有朋友问我，他找的都是房间，房间多了记忆内容都混乱了，有一些东西从这个房间串到另一个房间去了。确实会发生这样的情况。怎么办呢？答案是组合分界，使用场景的景别不同进行区分。

第一个方法：尽量找不一样的内容。比如，车站、学校、公园、马路、机场等，尽量用城市的内容。城市的内容要比乡村丰富，可切换的画面镜头更多，加上地点的方位，区分它们会更容易。打破房间的局限性，让桩子拥有更宽广的环境内容！

第二个方法：可以把房间的属性强化。

房间是人住的，一个姑娘的房间和一个壮汉的房间肯定是不一样的，每个房间都会有不一样的气息。用"气息"这个词，可能有一些朋友会觉得太玄了，抓不住。

简单来讲就是每个房间的特点，比如，有一些房间是暖色的，有一些则是冷色的……找出房间的特点，把物品和房间的感觉联系起来。比如，台灯和暖色的房间联想起来，可以感受到台灯温馨的感觉。添加了感觉之后的物品被赋予生命气息，只要感受到特定气息，就知道它是从哪个房间来的。

另外，地图是有行程、有前后关系的，这也是属性的一种。也可以在地图上行使我们的"管理权"，进行标注、分片区。比如，1区分100个地点，是绿色的、生机勃勃的感觉；2区分100个地点，是红色的、红红火火的感觉，这有一点像司令在点兵配将。

通过一系列的改造，地点会变得更加符合我们的个人情感。这些属性不是刻意人为赋予的，刻意反而会遗漏，发现地点本身的属性是最好的，如果发现不了，暂时不加入属性也是可以的，只要有利于区分即可。

小 贴 士
Tips

第一条规则：想象的时候，画面之间不要有视觉上的阻挡；第二条规则：按顺序找，物品不可重复。

第三节
当客厅作为记忆宫殿

前面所有的准备都是为了这一刻,接下来正式开始体验记忆宫殿。大家观察下面的这张客厅图。

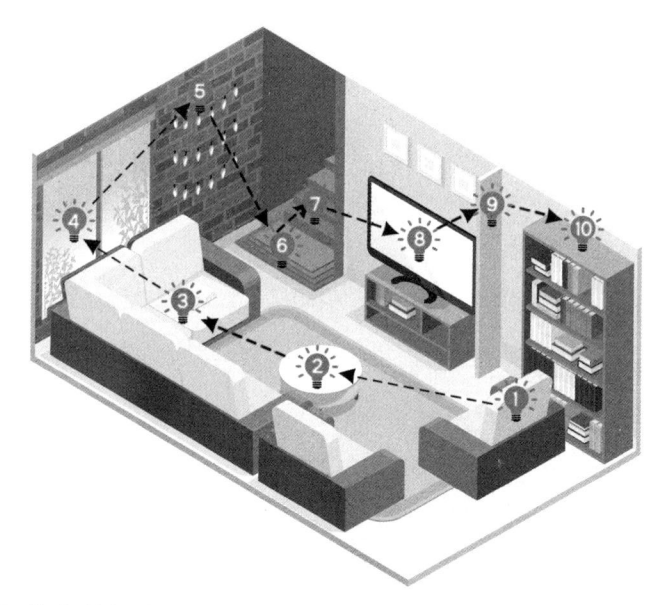

我已经将序号标在图上了,大家跟着我的思路就可以。

图分成上下左右。从图下方沙发的位置开始。

第一个地点:标有数字1的位置,取沙发靠背为特征点,简称靠背。

第二个地点:茶几。它的位置在沙发的前面。

第三个地点:与茶几相对的另一张沙发,取沙发座位为特征点,简称座位。

前面我们说过,同一个房间里不能找相同的物品,因为这样会导致混淆。这里我们同时用了两张沙发,会不会让记忆混淆呢?

注意观察这两张沙发,它们的方向是不一样的,所取特征点也不一样;第一张沙发是以靠背部位作为特征点,第二张沙发是以座位平面为特征点。

第四个地点:落地窗,特征点是玻璃窗。

第五个地点:墙面,这里的墙面特征点是墙上有很多小小的灯泡。

第六个地点:台阶,这里我们取名叫台阶,同时可以跟后面的楼梯区分。

第七个地点:楼梯。

第八个地点:电视。

第九个地点:墙角,电视墙的右上角。

第十个地点:柜子。

请大家再仔细观察一次物品的位置和特点。

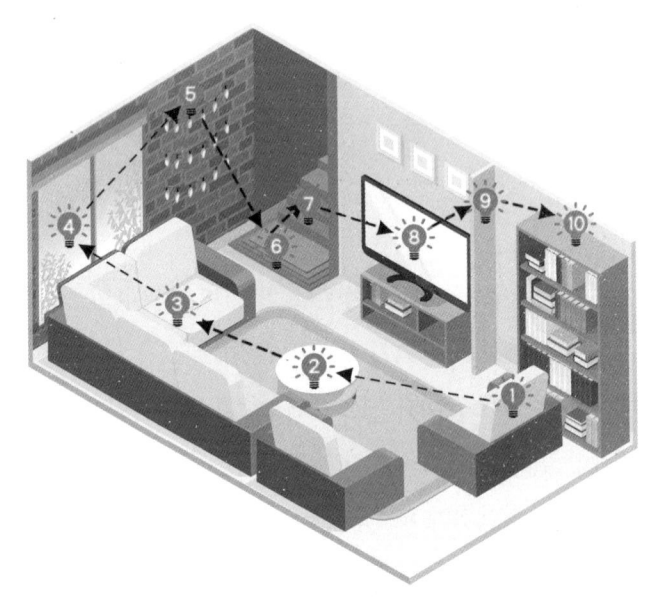

现在请大家闭上眼睛,在脑海里回忆这10个图像。

要求是必须按顺序，从第一个背到第十个。

是不是非常惊讶地发现，你能完全正确地背出每个地点？

如果出现一两个地点不清晰，也没有关系，再看一次，重新背诵一遍。

接下来，我们进行抽背练习。

请快速地回答第五个是什么。

你能快速地回想起是墙吗？如果不能，请再看一眼图片中标有5的位置，确认位置5的图像内容。

确认了5的位置之后，从5的位置开始，顺着想象6的位置、7的位置、8的位置、9的位置、10的位置。再从5的位置开始，逆着想象4的位置、3的位置、2的位置、1的位置。

这一步是为了让你更好地确认每个地点的位置。我们借着5为中间数，更容易快速地背下这些位置的顺序。

我们也可以用另一个技巧，就是数字编码定位的方法，用数字编码的图像和位置做简单的联想，帮助自己快速定位。因为我们还没有讲解数字编码，所以这里不详细解释。

练习熟悉这些地点和它们的顺序，我们再进一步抽背练习。

请问第六个是什么？第九个？第二个？第四个？……

你可以自己再增加随机抽查的次数，以熟练地反应出图像里的每个地点。

抽背熟悉之后，我们需要学会使用想象力对地点进行缩小与放大。

请把第一个地点放大，在脑海中只能想象第一个地点，并想象它越来越大，直到你认为不能再大了为止。

从1到10，每个位置都进行这样的想象练习。

我们再试一下缩小地点，使一次可以同时想象出两个画面，或是更多。也就是说，把镜头拉远了，让更多的地点同时出现在脑海的想象里。

请看下面的图，然后闭上眼睛，同时想到这两个地点的内容。

同时想两个难度不太大，同时想3个或4个的时候有些人就会觉得有难度了。

会发生这样的情况，想到1时4模糊了，想到4时1不清晰了，没办法控制注意力，让所有的地点在一个镜头中一起清晰地展示。

这是想象力的注意广度问题，如果你只能同时想2个或3个，说明你的注意力分配只能是2个到3个。注意力广度当然是越大越好，所以请大家尽量努力扩大自己的想象画面。

在这张图中，有一些人可能同时想象的注意分配组合是1、2、3为一组，4、5、6、7为一组，因为它们同在一个面上，然后才是8、9、10。

不同人分配的组合不一样，这是很正常的。不一样的组合没有好与坏，只是回忆节奏不同。如果同我上面列的组合一样，那么你回忆的时候便有3次，先是想到1、2、3位置和它们的图像，接着是4、5、6、7，然后是8、9、10。

按以上节奏，3次回忆，每次用时2秒，共6秒，也就是说6秒就可以回忆完10个地点。

请大家按自己的节奏练习回忆10个地点。回忆的时候，找个秒表来计时，看看回忆10个地点需要花多长时间。

第四章 记忆宫殿使用方法

如果你用时10秒以内,说明速度很快,达到良好的水平了;如果只用5秒或更短时间,那就是优秀了。

通过练习按顺序背和抽背,我相信大家的反应速度一定提高了。

为什么要背下这些地点呢?

记忆宫殿方法归根结底就是在脑子里建立一个位置系统,让所有的东西存放的时候有顺序。

有了这些顺序,就像图书馆里的书架一样,把书架分门别类之后,贴上标签,书就可以存放到指定的位置,查找起来就非常方便。这里的书就是我们的知识信息,建立记忆宫殿就是建立书架,知识联想记忆到地点上面,就相当于把书存到指定的书架上。

接下来,就让我们体验记忆大师们是怎么用记忆宫殿这个"书架"存放他们的"书"的。

小贴士 Tips 同一个房间如果有同一物品,取特征点就需要不一样。比如,第一张沙发是以靠背部位作为特征点,第二张沙发是以座位平面为特征点。

第四节
第一次使用记忆宫殿

为了让大家体验到使用记忆方法之后记忆效果的提升,请大家将下面的10个词读一次,不用任何方法,只读一次,然后试着回忆,看你能背出几个。只许读一次,不许回头看,也不许重复,然后尝试背出来。

老总　苹果　美女　明月　照明　小孩　玩具　中国　红星　千红

现在请闭上眼睛,尝试背诵出来!

如果你只能回忆出3到5个,说明你的记忆力勉强合格。如果你可以记忆7到9个,说明你的记忆力很棒。如果全部记住,说明你的记忆力很强,掌握方法之后一定可以成为记忆大师。

接下来我们再来看一次这张图片。

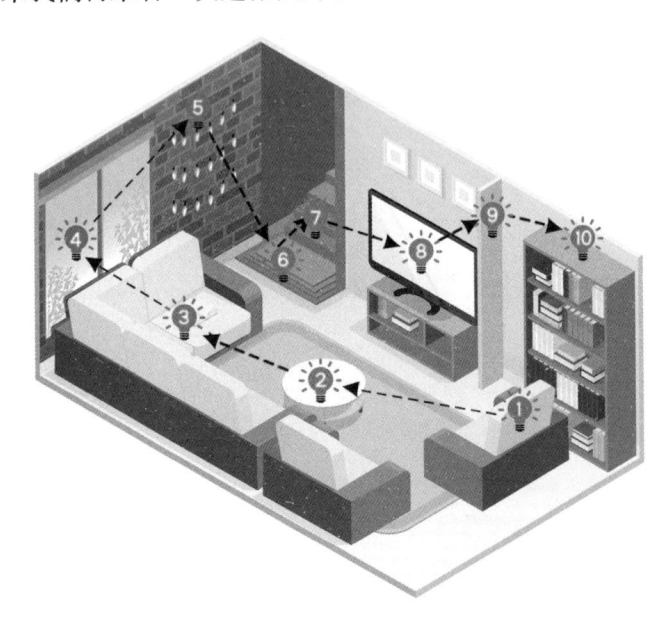

第四章 记忆宫殿使用方法

使用你的想象力，想象图片上1的位置坐着一个"老总"，如果你对老总没有印象，可以想象名人，只要是你认为是老总的代表人物都可以。你还可以为他配上一些动态行为，比如，他坐下，背靠沙发，手扶着沙发扶手。

2的位置上放了一个大苹果，这个苹果是你平常看到的苹果的两倍大，你还可以闻到它的香味。

3的位置上坐着一个"美女"，你可以想象这个"美女"是你心中的女神。

4的位置是窗，你想象从这里看到月亮，于是你想到了"明月"。

5的位置是墙，想象这里挂着一个大照明灯，所以我们记忆的词是"照明"。

6的位置是台阶，这里有一个小孩子，我们叫他"小孩"，请记住这是"小孩"没有加"子"字！

7的位置是楼梯，这里放着小孩的玩具车，玩具车代表了"玩具"。记忆这个词时，注意不要在"玩具"后面加上"车"字。

8的位置是电视，电视里面播放着中国地图，所以我们联想到"中国"。

9的位置是电视墙，我们联想这里挂着一颗"五角的红星"，所以我们联想到的是"红星"。

10的位置是柜子，柜子上一般会放一些东西，这里放的是一瓶红酒，叫"干红"。

接下来，请你闭上眼睛，马上从第一个地点开始回忆到第十个地点。强调一点，现在回忆不需要把词说出来，只要回忆图像，检查图像是否还在脑海里，能清晰回忆出来就算过关了。

如果第一次回忆图像就能全部回忆正确，那么，你可以试着背出词语。如果不行，请重新强化你在地点上的联想想象。

然后，回忆图像，检查记忆，再把词复述出来，也就是想象着图像，把词背出来。

回忆图像是很容易的事情，但图像代表的词，有时候你会多说一个字，或少说，或修改了。比如，第四个地点上的图像你可能会说成"月亮"，其实是"明月"。第六个地点上的图像是"小孩"，你可能会说成是"孩子"或"小孩子"。第七个地点上的图像是"玩具"，你可能会说成"玩具车"。

这类错误问题不大，只要第二次确认之后，脑子里的印象会更深刻，就一定可以完全正确地背出来。

一般情况下，你只需要想象一次就可以准确地背出来，和前面只读一次就试着背的情况对比，你会发现记忆效率高了很多。之前读一次，尝试回忆的时候，脑子空空，过几十秒，或几分钟，回忆就很困难了，并不能正确地按顺序背出来。

但是现在的你可以按顺序背出来，而且速度很快。另一个让你惊讶的事情是，你可以抽背，比如，第七个地点是楼梯，对应的是什么？马上想到"玩具"。

观察你的大脑中的想象内容，你会发现这些内容是"立体的"，它们被有位次地存放在你的脑子里，随时待命，等你提取。

我建议你背完之后，马上进行展示练习。也就是模仿记忆大师们在电视节目中做的那样。记忆大师们会展示100个数字，看完就顺背或是倒背；或是拿出一本书，任你提问第几章第几句话，他们都能正确答出。而你现在也一样，你可以顺背或倒背10个词，任谁提问第几个是什么，你都可以背出来。注意，还可以连字都一起倒背，举例说明：第10个词是"干红"，倒背就是"红干"。每个字都倒着背，一开始你可能会觉得困难，勇敢地挑战，你会发现你实在厉害，真的可以每个字都倒背出来。

为了见证你成功地倒背出来,请尝试把刚才背的10个词及20个汉字倒背出来,并写在下面的横线上。

_____

_____

太棒了,你已经成功地体验了一次记忆大师的记忆模式了。

所有的记忆大师在进行表演的时候,都是使用地点加上要记忆的内容,只是存放内容的形式可能不一样。记忆大师能更熟练地运用技巧,技术更高超。通过训练,相信你也可以。

请大家一定要仔细体会以上设计好的小型体验过程,感受自己在这一过程中发生了什么变化,学到了什么东西,并认真地写下心得。因为上面的记忆过程实际上是以后要经常使用的,这个模式将会陪你记忆很多东西,它是跟你一辈子的技巧。

所以,请你思考之后写下来,只有写出来,你才能更深入地思考,进步得更快。

请记录你的学习心得体会。

_____

_____

我们已经对记忆大师的记忆模式有了初步的体验,迈出了第一步,接下来我们再深入一点进行思考。

小 贴 士 Tips

使用记忆宫殿时,头脑中想象的内容仿佛是"立体的",它们被有位次地存放在头脑里,随时待命,等你提取。

第五节
总结记忆宫殿的模式

研究事物时，我们需要将其分类。记忆宫殿的分类，可以追溯到记忆宫殿传播人利玛窦。他是怎么分类的呢？他把记忆宫殿分成了三类，第一类是实体看得见的房间，叫实体宫殿；第二类是在实体的基础上加入一些想象元素，帮助记忆更深刻，但是实体中并没有想象部分的内容，所以叫半实半虚宫殿；第三类是完全在大脑中虚构出来的房间，叫虚拟宫殿。

古代的记忆宫殿，大都是实体宫殿，而现代的记忆宫殿，发展演化之后，除虚拟宫殿之外，还脱离地点桩，只需按逻辑顺序挂钩记忆。实践中，脱离房间的记忆方式，在记忆速度上，远远没有地点桩记得快速、清晰、有整体感，这也是想掌握记忆宫殿就必须学习地点桩的原因。

按照脱离地点桩的方法对记忆法进行分类，同样可以分成三类，也是实体、半虚、虚拟。这里的实体代表使用图像记忆，而半虚是使用图像加上语句联想，后面会举例说明，虚拟则是完全借助语句联想和逻辑完成记忆。用语句和逻辑框架帮助记忆是不需要依靠任何的地点处所，就可以完成记忆任务的。完全使用逻辑顺序进行联想，要求熟悉逻辑内容，也就是用已经记住的内容，来当记忆的线索联想陌生记忆的信息。

以下对学习重点进行总结。

首先使用真实的地点房间，按顺序（顺时针并前后规律，空间上有序）找出10个位置。练习记忆这些位置，从1到10有序地想象它们的样子，确定这些位置之后，同时想象多个图像，快速回忆所有图像和位置。让这些位置在脑海里变得清晰，而且做到快速定位。最后运用想象力，把需要记忆的10个词和地点联想在一起。

记忆宫殿分为三种类型：实体、半实半虚、虚拟。脱离地点桩的记忆方法分为图像、图像加语句或逻辑、完全语句或逻辑。

我们可以用这样一条公式概括这种记忆模式：地点+记忆影像 = 记忆宫殿。

明白了最基本的公式方法，我们将进行"1小时学会所有记忆方法"的学习。

我们用什么"宫殿"记忆所有的记忆方法课程大纲呢？肯定不是语句逻辑。记忆宫殿方法知识点需要70个地点来存放。

下一章我将带大家记忆70个地点。准备好70个地点，我们就可以快速记忆70个知识了。

70个是不是太多了？需要记忆多久呢？70个地点又怎么找呢？这样的方法适合学生学习吗？成人考试记忆可以用吗？不同年龄的人要怎么学习这些地点呢？下一章将为大家解答这些疑问。

小贴士 Tips　古代的记忆宫殿，大多都是实体宫殿，而现代的记忆宫殿，发展演化之后，除虚拟宫殿之外，还脱离地点桩，只需按逻辑顺序挂钩记忆。

第五章

创造属于自己的记忆宫殿

第五章
创造属于自己的记忆宫殿

第一节
精加工后再记忆

有一次我经过大学生的公寓门口时，正好听到两个学生的对话，其中有句话引起了我的注意：我一个晚上背10个单词，背完很快忘记，注意力根本无法集中。

要不是当时正赶时间，我真想停下来再听听他的诉苦，告诉他有办法可以改变现状，只要方法对，努力就不会白费。接下来我们就这个问题进行讨论。

多次重复，老是记不住；一个晚上只能背10个单词，感觉自己脑子退化了。这并不是因为记忆力不好，而是因为注意力不集中，记忆过程没有精加工参与。

以上分析是什么意思呢？

注意我讲的重点：第一是注意力不集中；第二是没有精加工。

注意力不集中，是记忆力不好的人的通病。如何训练注意力呢？当然也不是一两句话就可以让你的注意力马上得到提高，还需要坚持练习，才可以获得效果。

接下来就给大家介绍我多年积累的几条经验，以帮助大家提高注意力。

第一，要培养自己的兴趣。

第二，要有目标。

第三，动员所有的感官参与，全面刺激感官，引发情绪的参与。

第四，主动给自己提问题和回答问题。不到万不得已不要请教别人，先自己回答。

第五，主动把学会的讲给别人听，如果没有对象可以讲，对着镜子或墙讲也可以。

第六，不懂的东西要先用形象直观的方法，让自己理解和入门。

第七，分好时间段学习，时间到一定要休息几分钟。

第八，暗示和强迫自己坚持下去。

第九，做一些需要高度集中注意力才能不出错的游戏。

以上9点你要是能做到，注意力一定会慢慢提高。总之，你要做到：眼到、手到、口到、心到。如果你学习和做事能保证心、口、手、眼合一，注意力自然就会集中。

另外一个问题就是精加工，什么是精加工呢？

我这里说的"精加工"，指的是深入细致地分析和理解，然后用自己的话说出内容来，这样做可以促进记忆。

不过这只是初步的精加工，做到陈述内容之后，我们还需要对内容的一些关键信息进行内容添加和构建加工，最后变成有意义的信息。处理之后，信息变得非常好记忆，这才是我想说的记忆精加工。

我相信上面的一段话会让很多人看晕了，不知道在说什么，因为上面是非常专业的描述，下面我用通俗的话再给大家复述一次。

精加工就是记忆的时候先理解，把理解的说一遍，再把说的内容编成有趣的故事，这样就容易记住了。

有一些人一定不明白为什么要有上面那一段话，早说下面这一句，不就明白了吗？其实下面这一句话概括不全面，没有理论指导意义，只是为了帮助你理解而已。这也就是我说的提高注意力的第六条，当你学不懂的时候，先把内容变成能懂的，你就能学进去了。

这也是我上课时经常喜欢说的一句刺激学生的话：不懂不要学。

不懂真的不要学吗？其实不是不学，是不要学你实在学不会的内容，先找容易理解的直观形象的内容，理解之后再慢慢深入学习，循序渐进。不懂说明内容超过你的接受范围，先找到更容易懂的解释说明，学懂了，自然就可以再进一步学习了。

顺便对精加工举个例子，方便还没彻底理解的朋友进行理解。

比如，我们记忆"CQMYGYSDSSJTWMYDTSGX"这样一段无规律的字母时，死背一定很麻烦，如果我们给这一段字母加一个有意义的内容就好记了。比如C = chuang（床），Q = qian（前），M = ming（明）……以此类推，整个字母串就变成：床前明月光，疑是地上霜；举头望明月，低头思故乡。现在请你试着把上面这一段字母默写出来，你是不是会笑着说：开什么玩笑，这根本不用想，直接默写便可以。

对字母进行加工，变成有意义的、有趣的内容就好记了。当然这个例子是刻意为之，在面对很多没这么"巧"的内容时，如果我们有办法让它变得"巧"起来，那就好记了。这就是我们讲的记忆精加工。

记忆问题归结起来就是：注意力和精加工问题。做到这两点自然就会提高记忆力了。问题是精加工怎么做？我们要研究出一套可以快速精加工的方法才行。对不同类型的内容需要进行不同的精加工，而不同的加工方式又会产生不一样的记忆方法。算下来能产生多少记忆方法呢？接下来，我们就来探讨一下136种记忆方法。

小贴士 Tips "精加工"，指的是深入细致地分析和理解，然后用自己的话表述出来。这样做可以促进记忆，不同类型的内容需要进行不同的精加工。

第二节
竟然有 136 种记忆方法

我刚开始学习记忆方法的时候，想把全部的记忆方法都学会，所以就从网上找记忆方法，找到的最多有136种方法。于是我一种一种地去理解、去掌握，最后我发现，方法我会了，却没办法达到快速记忆和表演的水平。那是因为我没有掌握系统的训练方法，只是学会了一些理论上的方法。

我把它们抄出来，列在下面，以供大家参考：

概括记忆法，物象记忆法，时序记忆法，锁定记忆法，偏重记忆法，意境记忆法，情感记忆法，交叉记忆法，连锁记忆法，对比记忆法，特征记忆法，反馈记忆法，跳跃记忆法，随机记忆法，采样记忆法，循环记忆法，加速记忆法，生成记忆法，混合记忆法，缓冲记忆法，协同记忆法，闪电记忆法，列表记忆法，联想记忆法，因果记忆法，逻辑记忆法，平行记忆法，换位记忆法，价值记忆法，切入记忆法，发展记忆法，还原记忆法，分配记忆法，交换记忆法，实践记忆法，夹带记忆法，图解记忆法，视听记忆法，分类记忆法，藐视记忆法，排斥记忆法，错觉记忆法，矛盾记忆法，相似记忆法，谐音记忆法，歌诀记忆法，等效记忆法，图层记忆法，定位记忆法，侧向记忆法，错位记忆法，变相记忆法，压迫记忆法，倒序记忆法，色彩记忆法，耗散记忆法，争论记忆法，离合记忆法，困境记忆法，悬念记忆法，反常记忆法，仿生记忆法，组合记忆法，融合记忆法，沟通记忆法，关联记忆法，螺旋记忆法，卡片记忆法，情调记忆法，冥想记忆法，黄金记忆法，混沌记忆法，故事记忆法，扩散记忆法，模糊记忆法，编码记忆法，对偶记忆法，并联记忆法，表格记忆法，渗透记忆法，理解记忆法，精细记忆法，幻想记忆法，临界记忆法，挖掘记忆法，维度记忆法，模仿记忆法，释放记忆法，游戏记忆法，透视记忆法，印象记忆法，线索记忆法，推理记忆法，追溯记忆法，问答记忆法，直觉记忆法，黏合记忆法，缩放记忆法，网络记忆法，惯性记忆法，匹配记忆法，批判记忆法，幽默记忆法，缓和记忆法，跃迁记忆法，搓揉记忆法，倒像记忆法，平衡记忆法，拼凑记忆法，连贯记忆法，稀释记忆法，纯化记忆法，活化记忆法，拟人记忆法，极端记忆法，弱项记忆法，中介记忆法，标记记忆法，模块记忆法，虚拟记忆法，风险记忆法，内聚记忆法，依托记忆法，意图记忆法，填充记忆法，取代记忆法，预示记忆法，引导记忆法，形象记忆法，磨合记忆法，演示记忆法，解剖记忆法，催化记忆法，弥补记忆法，压缩记忆法，全息记忆法。

小贴士 Tips 有些人看到这些方法就崩溃了。实际上，上面的这些方法很实用，问题是有多少人愿意花那么多时间一种方法、一种方法地去理解和练习？另外，还需要学会怎么训练，要练出效果来。

第三节
6种记忆方法 VS 136种方法

有没有通用的方法，能让我们不说应对所有记忆问题，至少容易掌握又好用，也好过挑战136种方法？

经过我多年的研究，最终总结出6种记忆方法。用这6种方法，就可以搞定所有要背记的内容。以我10多年的培训经验，可以明确地告诉你，掌握这6种方法，就像学了"武林绝学"中的"乾坤大挪移"那般。到目前为止，还没有遇到这6种方法解决不了的背诵内容，相信大家学完这6种方法，便能体验到其中的奥妙。

之所以设计这6种方法，是因为136种记忆方法太多，且每一种只针对一个问题，也没对记忆信息对象做分类。遇到一种情况便产生一种记忆方法，这样一来，就会发明很多"猫猫狗狗"记忆法。如果你学太多了，遇到问题，都找不出来用哪种，更别说快速记忆了。

所以，我们要学会用规律办事，找出不变的道理。我根据信息的性质不同，将信息分成声音类、符号类、文字类、图像类4种。

声音类一般用谐音可以搞定。

符号类需要根据符号的特点对内容进行直观化、图像化。我称它为符号编码，如"#"这个符号叫"井号"，我们看到它就想象一口井。"井"就是"#"符号的编码。

文字类的比较复杂，不过人类怎么设计文字的，就怎么倒回去。造字的时候用造字六书，那我们现在文字编码就用造字六书处理，后面我会详细讲解。

第五章
创造属于自己的记忆宫殿

图像类本来就有图像，只不过有些图像复杂一些，我们可以使用记忆地点的方法，找出图里有特征的物品内容，按顺序进行联想记忆。

根据声音设计谐音法，根据符号设计编码法，根据文字设计关键字和文字转化法，图像当然用记忆宫殿地点桩记忆法，再把其中一些细节捋出来，便得到了6种基本方法。

这6种基本方法非常有效，后面我会一一给大家道来。

在遇到符号和图像、文字混合的记忆材料时，我们可以将6种方法进行组合使用，这样可以借6种方法无穷地组合并演化出更多的方法，但是核心没有改变。

小贴士 Tips　根据信息的性质不同，要记忆的信息可分成声音类、符号类、文字类、图像类4种。6种基本记忆方法组合使用可记忆一切信息。

第四节
记忆过程的 4 步

在开始创建你自己的记忆宫殿前，大家一定要认识一点：记忆方法是一种技术。这也就意味着，它和书法、开车、拿筷子是一样的，是需要通过训练而获得的。

大概是在2014年的时候，有一个学员跟我学习记忆法，他非常努力，除了把我教的记忆方法学到手，还不断地寻找其他的方法课程和书籍。经过努力，他成了武侠小说里精通各门派武功的那种类型的人，只要你使出来功夫，他就知道用什么破，唯一的缺点就是自己一点内功都没有，连三脚猫功夫都使不出。

他讲起记忆方法来头头是道，但给他40个数字，花2分钟才能背完。我一直提醒他，道理是死的，最重要的是训练出效果。但他的个人爱好在理论不在实践，所以重点还是落在理论上。

后来不知道为什么，他决定要训练技术了，还报了个记忆比赛。在比赛前，他用我指导他的4个训练步骤训练，效果确实很不错。虽然比赛没有拿到优秀的奖项，但是排名也靠前，相比于长期训练的人，他只用了1个月。这也说明了，理论有指导实践的意义，如果不是前面理论的学习，他也不可能只用1个月便达到2分钟记忆100个数字和2分钟记忆一副扑克的水平。

他用的这4个步骤是哪4个呢？这些步骤是怎么来的？

这4个步骤是将记忆过程细化拆分成4个模块。以数字记忆为例，我们记忆数字的时候，先是选用地点，这些地点需要被记忆和熟悉。然后，要

第五章
创造属于自己的记忆宫殿

快速反应数字的代表图像,最好将反应时间控制在1秒以内,并且要生动清晰地联想动作和画面。为了训练这一点,我们把数字的编码分成单一训练和组合训练。另外,把记忆时联想的动作和画面全部细分,对总共一万多个组合进行训练,最后把上面训练的每一步合并在一起再做练习。

如果你看晕了,不要紧,我打个比方,你就很容易理解了。

一头牛很大,想要吃掉它,我们需要把牛切成小块,再一点一点吃。

学弹琴的人,会把曲子分成一小节、一小节,将每小节练习到极致,再合在一起练,最后整首曲子才可以被练得非常的熟练。

平常背课文,如果课文很长,我们会把文章分段,每一段分成句子,然后重复读一句,直到会背。接着背第二句、第三句……直到一段背完,我们会读整段,然后尝试一整段背下来,完成之后,再背下一段。

训练技能也需要这样,把整个过程分成多个部分,每个部分变成一小块,逐个练习过关,最后把整体合并在一起练习,练熟之后,整个技术就掌握了。

记忆数字的方法是:看到数字转化成图像,把图像存放到事先准备好的地点上,加上联想,回忆内容。

拆分开来就是:事先准备好地点,转化成图像,把图像想象到地点上,使图像和地点通过动作和感觉参与产生联系,最后回忆。除去回忆步骤,便是4个步骤,我给它们起名字叫:练习桩子(也叫过桩),读图,丢桩,联结。

练习桩子的意思就是练习准备好的地点、处所,熟悉它们(也叫过桩)。读图就是把看到的数字转化成图像。把图像放到指定的地点这一步叫丢桩,意思就是丢到地点上。丢桩没有想象联想动作,只是将图像"导入"到地点上。最后是把图像和地点联想在一起,也就是结合在一起,所以叫联结。

把记忆过程拆成4个步骤,分别练习、熟悉它们,最后合并在一起再练习。每天这样练习,你会很清楚自己的薄弱环节是哪个部分,可以清晰地解决每种技能存在的问题,所以这样进步是最快的。后面我将详细讲解4个步骤的练习细节。

小 贴 士
Tips

掌握记忆宫殿需要不断练习,使用记忆宫殿的四步包括:练习桩子(也叫过桩),读图,丢桩,联结。

第五节
如何管理记忆宫殿

准备工作已经完成。前面大家已经跟着我学习了基础理论知识，是时候开始建立自己的记忆宫殿了。

要怎样建立一个庞大而有效的记忆宫殿呢？

很多人学了前面的知识就开始建立自己的宫殿，东一处找地点，西一处找地点，地点桩子确实很多，但是零零散散，没办法综合管理。有一个朋友自己找了100多个房间，但出现了问题，经常想不起下一组房间在哪里。要怎么管理记忆宫殿呢？

参照学校管理，你会发现一个学校有几千人，但是学校要找一个人很容易，只要你说找几年级几班的谁，马上就可以给你准确找到。这里用到了分类层层管理的概念。

图书馆里书那么多，怎么管理？

分门别类，用书名的字母缩写等分别存放。所以，只要说出类别和书名，就知道第几排、第几行、第几本书。

记忆宫殿的管理也需要这样。如果你使用现实生活中的地图找地点桩子，管理方法就是直接用行政区划，就像从省到市、县、镇、街道再到户一样，也可以按自己的规则划分区域和位置，从大到中再到小。

层次不宜划分得太多，因为层次过多会导致记忆搜索混乱，定位困难，一般两三层为宜。我把这个经验总结为：三层定桩法。

另一种方法是使用一套房子，从房子中找10个场景或10个房间，每个房间或是场景找出10样东西，这样就获得了10乘以10等于100个地点。这

100个地点并不直接使用，而是用来记忆100幅没有规律的图。由于100个地点是有顺序的，所以借100个地点的顺序，把没有规律的图变成有顺序的图。接下来再从100幅图里每幅图找出10个地点，100乘以10就是1000个地点。我说过，如果层次太多会混乱，所以1000个地点就够了。如果要再记忆1000幅图，必须将1000个地点的顺序背得滚瓜烂熟，不再需要借100个地点进行定位，如此才可以用1000个地点记忆10000个桩子。

听起来简单，实际上，每加一层，难度就增加10倍以上。

在我提出1000个桩子的概念之前，我用的地点桩子全是实地找到的。这种方法的缺点是一定要自己亲自去过的地方才能找地点桩子，没去过或是不熟悉的地方，就没办法作为地点桩子使用。

后来，我读《西国记法》一书，受书中虚拟地点联想的启发，创造性地设计了数字编码1000个桩子，并在2009年的时候发布了内部版本，到2011年左右发布在网络上，受到很多人的欢迎。大家纷纷效仿这一方法。

这也就是我接下来要说的第三种找桩子的方法：数字编码设计桩子。

数字编码有100个，根据每个编码可以联想一个场景图，100个编码可以联想出100个场景，也就是100幅图。如果每图找出10个地点，也就是100乘以10等于1000个地点桩子。

你会问，如果我使用1000个数字编码，是不是可以有10000个桩子呢？理论上是可以的，但是实践的时候，工作量会很大。

总之，效率比较高、比较好用的还是实体地点，只是为了建立更多的方便的桩子，三层定桩和编码引申地点桩子也是不错的方法。建议初学者搭配使用三种方法，实体地点找500个，用三层定桩法引申的虚拟地点找1000个，编码引申地点桩子找1000个，这样共2500个地点。

具体建立细节，可以借鉴我的三层定桩图和编码图，当然也可以直接使用我已经建立好的记忆宫殿图。需要的读者可以联系作者获得。

第五章
创造属于自己的记忆宫殿

小贴士 Tips

建立并管理记忆宫殿,初学者可以搭配使用实体地点法、三层定桩法、编码引申地点桩子法。效率最高、最好用的还是实体地点法。

第六节
用三层定桩法建立自己的记忆宫殿

下面我要开始带你建立属于你的记忆宫殿。

建立记忆宫殿最重要的一点就是必须建立宫殿的逻辑。逻辑是让你完全控制和快速切换房间场景的利器。

什么是宫殿的逻辑呢?

一般的定义是有顺序、有前后因果关系,也就是前一个地点和后一个地点之间必须有顺序。一般是空间上的先后关系,或是有某些原因使它们有"理由"联系在一起。

我们看下面的平面图。

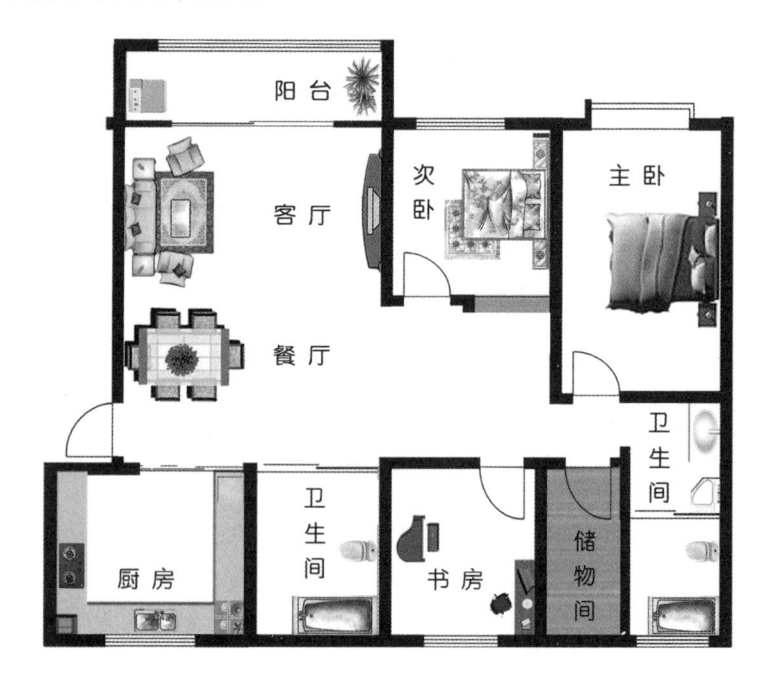

第五章
创造属于自己的记忆宫殿

这是一套房子，共分成10个区域。如果从进门开始算起，餐厅、客厅、阳台、次卧、主卧、卫生间、储物间、书房、卫生间、厨房共10个区域。我们可以从每个区域找出10个物品，这样我们就可以找出100个地点桩子，供我们快速记忆信息。

请注意，我刚才分区的时候，是从"餐厅"开始的，这是进门的地方。后面的分区都是按顺序排列的。这就是我说的逻辑关系，这种关系可以让我们马上知道下一个区域是什么。

在三层定桩法中，以上这套房子是中间层，也就是第二层。那么第一层呢？

第一层是管理房间或场景的层面。比如，现在找的这套房子叫A1号，那么A2号，也就是第二套房子。需要在哪里找呢？我们可以按空间顺序，也可以按你自己编定的某一个"理由"进行设定。比如，找出来的房间是按地图上的顺序，以你家为中心，第二套是你邻居家。现代人可能一般不串门，自己的邻居长什么样子都不知道。那怎么办？遇到这样的情况，我们就只能"移位了"；放弃找邻居，以最近原则找。比如，楼下的小卖部，或是小区的公共场地。后面以此类推，不断地划分出你熟悉的地点。这一条线路可以不断地推进，一直到你设计的区域目的地。

这样设计之后，我们就得到一幅桩子的路线地图，这地图就是三层定桩法的第一层，即顶层。路线上每一个点都是一套房子或一个场景，我们可以从中再找100个或更多的物品。

设想一下，如果我们找10个"大"桩子，在每个中再找10个"中"桩子，也就是10套房子或10个大场地，然后在每套房子或每个场景里找"小"桩子，每个"小"的内容都找10个地点，算下来是多少桩子呢？答案是10乘以10乘以10也就是1000个地点桩子。

"大""中""小"三层找地点的方法，是管理桩子最好的方法，而且每层10个地点最容易定位。但是问题来了，有一些信息需要11个地点记忆，有一些则可能只要8个，记忆的时候是不是会存在浪费或不够用的情况呢？遇到这样的情况怎么办呢？

实际使用的时候，你可以根据记忆的信息对地点进行调整。如果是用来练习记忆扑克的区域，每个场景可以找26个地点，因为一副扑克是52张（除大小王），26的两倍就是52。就是说你可以在每个地点上放两个图像，以帮助记忆一副扑克。

如果只需要用到8个或更少地点的时候呢？浪费的地点可以存放下一组要记忆的信息，也就是两种不同的信息一起记在一个地点上，这样的后果是有可能两组信息不能完全被一张图存放完，提取内容的时候，要在两张图片上来回切换，会影响提取速度。如果你不想因为这种操作带来提取慢和信息不能完整记忆在一张图上的结果，那就干脆一点，放弃混合使用，选择浪费一些地点。

完成了三层里面的上两层建设后，最后一步只要按顺序找出房间里的内容，然后练习它们就可以了。

上一章我们体验记忆宫殿的时候，背记的地点从"沙发"开始直到"柜子"共10个地点，用来背了10个词。用同样的方法，我们可以建立起100个地点，用来记忆100个词。只是初学者不要贪多，不要一上来就马上记忆100个，从10个开始，慢慢提高难度，循序渐进。每次提高的难度可以自己设定，比如，一次增加10或20个。当然，如果你感觉自己的记忆容量可以再大一点，那就一次增加更多一些。

下面提供我自己建立的一套给学员练习的地点桩子，它只有"中层"和"小层"，没有"大层"。顺便考考大家，还记得中层是什么吗？它们是一个可以容纳100或更多个地点的多区域组成的地方，如一套房子、一

第五章
创造属于自己的记忆宫殿

个公园等。"小层"又是什么呢？是一个能容纳10个以上地点的地方，如厨房、公园的一角、一个凉亭、一个水池等。"大层"呢？它是地图路线，一组可以容纳上千个地点。

接下来介绍的这套地点，我叫它记忆之家，因为我设计它的目的是专门存放有关记忆方法的知识大纲。

请大家先看这套房子的平面图。

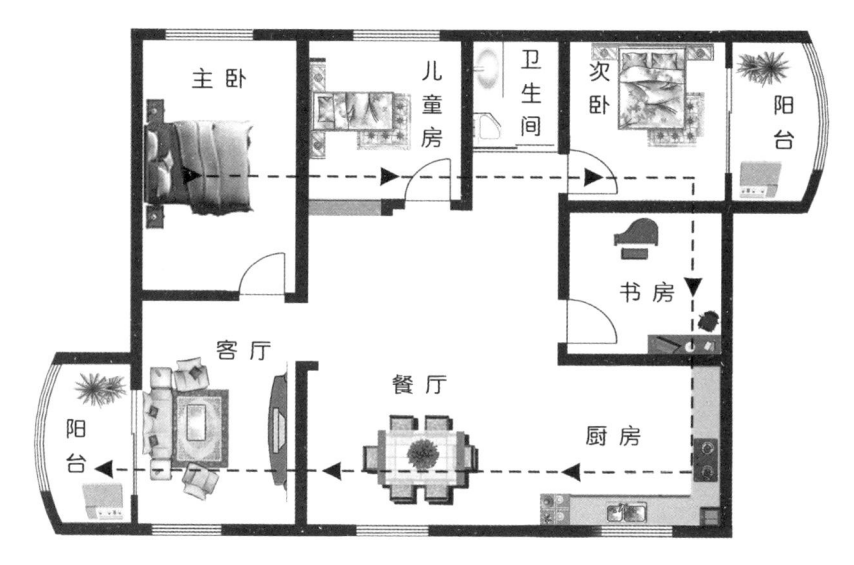

从这张平面图中我们看到，整个顺序是"从左到右"的，内容是先方框内部，再外部两个阳台。两个阳台好像两只耳朵，里面的顺序是顺时针方向，顺着标出来的箭头我们可以看出"行进"方向。

有了这套房间的平面图，并标出信息，这就已经完成了"中层"的建设，也就是建立起一套小型记忆宫殿了。这个"宫殿"可以容纳100个以上的信息。

接着我们需要从这些标出来的区域内找出场景来，在每个场景中找10个地点。

因为是虚拟的宫殿，没办法实地拍"房间"图像，只能在网络上随机搜索。所以图片跟平面图不能很好地契合，需要我们用想象力来"撮合"它们。这也是虚拟图比现场差的地方，主要差在风格不统一，现场有真实感，虚拟图没有，后者带来的印象也没有真实的场地那么深刻，记忆效果自然没那么好。

好在只要多训练，熟悉之后就不会影响记忆的结果，也能接近真实地点的效果。有些虚拟图练习熟悉之后，效果甚至不亚于真实的地点。

有了上面的平面图，依照平面图建立起10个场景。有了10个场景的逻辑之后，需要把每个场景拍下来，展示出10张图，然后从每张图里按找地点方法有顺序地找出10个点。

至此，10张图100个地点清晰罗列，可以使用，才能算创建了一套完整的记忆宫殿。但这只能算中型的记忆宫殿，因为还没有顶层的逻辑或路线。

我用这一套地点桩子，帮助很多学员记住了记忆方法技术的知识，并且录制成了视频课程。随着时间推移和我个人的成长，课程也有相应的修改，本书会给大家展示最新的内容，而不是老版本的内容。希望看过老版本的朋友理解。若是没有看过老版本而想了解的朋友，可以在网络上搜索"记忆之家"，或是联系作者获取。

知道并不等于做到。学完这一节的内容，我希望大家可以开始动手，制作自己的记忆宫殿。你可以先找"中层"的地点，如你家或公园等。当然，如果你想找出1000个以上的地点，请先准备好你的路线图。

下面提供我在多年前虚拟创建的路线规划图。这套路线图是为了记忆《读心术》电子书的内容而准备的。

请大家看路线图。

第五章
创造属于自己的记忆宫殿

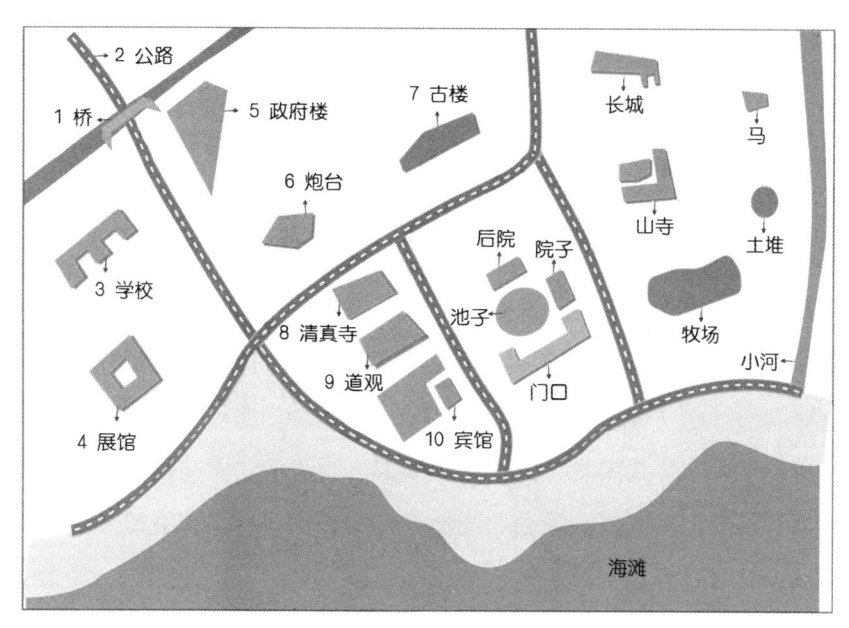

```
2 公路
1 桥     5 政府楼    7 古楼    长城
                              马
         6 炮台              山寺
3 学校                              土堆
                  后院  院子
              8 清真寺  池子      牧场
                  9 道观  门口    小河
4 展馆            10 宾馆
                        海滩
```

图中标出来的就是简单的地图和规划顺序。标好这个地图之后，随机从网上找出我个人比较喜欢的图片，然后把它们组合起来，虚拟成这个地图上的每个位置角落，变成代表它的照片。你可以模仿这一招，从实际的地图里面找出地点来，并自己拍摄下来。

接着，我为这些图片标上地点，把书上每章节内容与地点一一对应起来。最后，使用它们进行电子版《读心术》内容的背诵记忆。

如果你喜欢我做的这一套内容，想知道我是怎么记忆这一本电子书的，可以联系我获得记忆《读心术》的示范视频和图片。

还有些朋友喜欢游戏，将游戏里面的地图记得滚瓜烂熟，游戏地图每一处都能想象出物品和内容。那么你可以把游戏的图片截下来，做成册子，按游戏任务顺序和人物活动线路，制定自己的"大层"桩子路线图，然后把"中层"名称罗列出来，把名称对应的场景一一标注上地点序号，最后练习熟悉它们，它们就可以成为你的记忆宫殿了。

高效记忆
用记忆宫殿快速准确地记住一切

也可以利用全景地图，在地图上找出全景地点桩子，从而建立起自己的模拟实体地点桩子。

不过以上的宫殿都是虚拟的。再次强调：虚拟的不如实体的真实、立体、清晰、好用。所以，建议你从自己的生活里找出500~1000个实体地点，建立自己的实体记忆宫殿。

一般来说，记忆大师们会实体记忆宫殿和虚拟记忆宫殿各分配一些，实体的用来应付日常生活的速记和记忆表演，虚拟的用来记忆知识系统和要背诵的内容。这样配合，可以把记忆宫殿的作用发挥得更好。虚拟宫殿只要有逻辑便很好找出来，而实体的需要实地采集，费时间，不好找。两者结合，可以把效率提到最高。当然，你要是偏好实体地点桩，全用实体也可以，只不过必须长期积累。如果你每到一个地方都拍照留下影像，并记录在册，整理之后，长期复习以作桩子使用，长期下来也可以积累很多地点桩子。只是"工程"浩大，看个人能否坚持了。

除了地图式的地点，还有其他创建记忆宫殿的方法，其中最重要的一种是用数字编码创建记忆宫殿。下一节我们将讨论用数字编码创建记忆宫殿。

小贴士 Tips 路线地图是三层定桩法的第一层，也是顶层。这一层拥有最大的桩子，因为路线上每一个点都是一套房子或一个场景，我们可以从里面再找100个或更多个物品。

第七节
设计 100 个数字编码

讲到数字编码，我们需要把时间调到中世纪。我们了解到，中世纪的人们使用的记忆法多是"地点+影像"，不过在使用这种方法的过程中，大家慢慢悟到，记忆时有很多图像是会重复出现的，原因是内容是一样的，就像我们使用词语一样，有一些词重复概率是很大的。

特别是记忆数字的时候，固定的组合出现的概率很大，比如，两位数固定有100个组合，它们是从00到99；如果是三位数就是1000个组合，从000到999。如果我们固定这些组合的图像，就像单词和汉字意义对应一样，看到数字就对应出它的图像，例如看到数字11，发现它长得像筷子，我们就约定11对应的图像是筷子，以后只要出现11就马上想到筷子，那就能节省大量的数字想象转化成图像的时间。

从数字这种现象，还可以推及汉字、词语还有句子。如果将一个常用的句子转化成一个图像，以后听到这一句话，马上就有图像在脑海里出现了。固定图像能为我们记忆提供更多的图像词汇。

比如，你一定经常见到"时间是宝贵的财富"这句话，假设每次出现这句话你都需要记录下来，那么你就可以使用"缩略法"，就是为这一句话建立缩写，例如缩略成"时贵富"或是"sgf"。以后只要在你的笔记里出现"sgf"，就代表这一句话了。

而我们快速记忆的时候，没有书写那么方便，不是只用一个符号就可以，但是我们可以只用一个图像，比如，想象"黄金做的时钟"来代替这一句话。以后，脑子里只要出现一个黄金做的时钟，马上就能回想起"时间是宝贵的财富"。当图像和句子一一建立起对应关系，我们就把图像叫作这句话的编码。

中世纪之后，数字编码技术得到发展。为了让数字和字母对应，方便数字转化成字母，再由字母组成词语，从而把抽象符号变得有意义、好记忆，人们想过很多种方法。

其中最简单的方法是：

数字	对应字母1	对应字母2	对应字母3
1	A	K	U
2	B	L	V
3	C	M	W
4	D	N	X
5	E	O	Y
6	F	P	Z
7	G	Q	
8	H	R	
9	I	S	
0	J	T	

如果出现的数字是4824，那么依据以上表翻译过来就是DHBD或者NRLN等，只要符合表格上的对应关系就可以。然后把首字母相关的单词找出来，如D联想到单词Dog（狗），H联想到单词Hose（水管），等等。这样组成的词就可以进行编故事记忆，以后看到4824就固定想到这一个故事画面。

后来有人认为这样的方法对应记忆量太大了，光记字母和数字对应关系就有一点累，又做了改进，变成这样：

数字	1	2	3	4	5	6	7	8	9	0
字母	A	B	C	D	E	F	G	H	I	O

大家注意，它只是把字母对应内容省略了，还把0和字母O象形联系了。

后来又有很多人进行修改，版本非常多，思路也有很多种变化。流传

第五章
创造属于自己的记忆宫殿

到国内，变化就更大，因为我们用的是汉字，只能对应数字与拼音发音。我个人做了一些修改之后，就有了下面的对应：

数字	1	2	3	4	5	6	7	8	9	0
字母	Y	Z	M	S	W	L	Q	B	J	D

相信大家能看懂这些对应关系，它们是数字拼音发音的声母组合和象形关系。1、4、5、6、7、8、9都是谐音，2、3、0是象形。

我们发现，只需要谐音和象形就可以对抽象符号进行转化。实际上，还有一种方法可以用来转化，那就是赋予意义，比如，61会让人想到61儿童节。这就是对数字赋予意义。总结起来可以叫"音形义"，意为谐音、象形、赋予意义。

记住了这些通过转化形成的字母，你会发现，以后只要是数字组合，我们都可以找到词语与之对应了，而且很容易找到形象的词和数字对应，方便从数字中找到图像。

比如，00从关系表里找到的是DD，拼音以DD开头的词有弟弟、导弹、大豆等，我们只要从中选择一个来表示00这个数字就可以了。比如，选择导弹为我们固定的词，那么以后只要看到导弹就想到00。

这种方法虽然方便，但是有一些缺点：它和数字的对应关系不是直接的，而是通过声母间接联系，所以，回忆的时候效率还是差一点。

所以，有一些人干脆不使用字母数字的翻译方法，而是直接对应数字。这样我们需要编一张100个数字的编码表，并且把每个数字都写上去。

下面是我编的编码表：

数字	编码	备选	数字	编码	备选	数字	编码	备选
01	灵异		05	领舞		09	菱角	酒、球
02	灵儿		06	领路		10	棒球	
03	灵山		07	令旗		11	筷子	
04	零食		08	泥巴		12	婴儿	

高效记忆
用记忆宫殿快速准确地记住一切

续表

数字	编码	备选	数字	编码	备选	数字	编码	备选
13	医生		41	死鱼	司仪	69	太极	
14	钥匙		42	柿儿	死鹅	70	冰激凌	麒麟
15	鹦鹉		43	石山		71	奇异果	
16	一流	杨柳	44	狮子	石狮	72	企鹅	
17	仪器	玉玺	45	食物	水母	73	青松	鸡蛋
18	耍发	篱笆	46	石榴		74	骑士	
19	药酒	高尔夫球	47	司机		75	起舞	
20	耳环	香烟	48	扫把	石板	76	气流	
21	鳄鱼		49	石臼	狮鹫	77	七喜	
22	鸳鸯		50	武林	五环	78	青蛙	西瓜
23	和尚	儿童伞	51	乌鱼	巫医	79	气球	
24	盒子	闹钟	52	孤儿	木耳、猪耳	80	巴黎	
25	二胡		53	巫山	武松	81	白蚁	
26	河流		54	武士		82	拔河	靶儿
27	耳机		55	呜呜	木屋	83	爬山	
28	恶霸		56	蜗牛		84	巴士	百事
29	鹅脚	阿胶	57	武器		85	宝物	白兔
30	三轮车		58	王八		86	八路军	
31	鲨鱼		59	五角星		87	白旗	白棋、白痴
32	扇儿	仙鹤	60	榴梿		88	爸爸	斑马、白板
33	仙丹	煽煽	61	轮椅		89	白酒	芭蕉
34	山寺	绅士	62	驴儿		90	精灵	
35	珊瑚		63	硫酸		91	球衣	
36	山鹿	山路、香炉	64	螺丝	律师、老鼠	92	球儿	
37	山鸡	相机	65	尿壶	老虎、锣鼓	93	救生圈	
38	沙发	女人	66	蝌蚪		94	教师	
39	三脚架	三角尺	67	油漆		95	救护车	酒壶
40	司令		68	喇叭		96	酒楼	长颈鹿

第五章 创造属于自己的记忆宫殿

续表

数字	编码	备选	数字	编码	备选	数字	编码	备选
97	酒席	警察、香港	1	铅笔	棍	6	哨子	烟斗
98	酒吧	酒杯	2	鸭子		7	拐杖	镰刀
99	舅舅		3	耳朵	弹簧	8	葫芦	
00	望远镜	眼镜	4	红旗		9	球拍	
0	铃铛		5	钩子	手套			

以上编码表只是提供给大家参考的，因为每个人使用的数字编码都不一样。注意，上面有一些编码虽然表面上看是抽象词，如气流，但是从气流这一词我们可以引申出图像，比如，飞机利用气流上升，所以气流的代表图就是飞机。再如起舞，谁在起舞，是蝴蝶还是舞蹈家？这个想象就留给大家了。这里只是抛砖引玉，给大家一个基本模板，好让大家自己进行设计。

接下来，我们的问题来了，到底是使用字母对应的方法来设计，还是使用固定拼音法，找每一个对应的关系呢？

其实方法没有好坏，字母对应相对容易一些，只需要设计好对应关系，然后使用手机或电脑拼音输入法的联想功能就可以找出所有对应的数字编码，就算你想找1000个数字编码都轻而易举。但是数字编码和图像之间的关系不紧密，回忆的时候不太好回想，需要多次训练。

所以我建议大家还是花一点时间自己设计一张对应的100个数字编码，这样方便以后记忆。这个步骤是一劳永逸的，一次设计好，终身受益，所以花时间也是值得的。

如果你想建立1000或更多个数字编码，建议你用字母对应法，这样更容易找到你需要的词。

下面给出表格，供大家自行设计100个对应关系编码，而非固定拼音组合词的编码。

设计时要注意数字和编码的关系，越是熟悉和有感觉的，越容易想起来。要注意观察编码的图像，最好是真实世界中能看到的，能仔细观察并记住它们的感觉是最好的。如果是靠抽象词联想出来的图像和物品，建议画出来，并且拿来放大、缩小，以及让编码产生动作，如跑动、跳、拿等，这样做对你日后的记忆有帮助。如果是山水、风景或墙这样的编码，不能动或不能拿起来、不能动作的，请卡通化或修改一下画面。如果编码太大，不能存放到小位置地点的，请缩小处理。不然，以后在地点联想上，会比较别扭。

最后注意，每个编码都是一个词组，也是一个图像，更是一个活动的物品或卡通化的动作信息，而且它们都是独立的，不能和其他编码产生相似性，以免产生混乱。总之，必须是具体的、有形的、有动作的，能和其他的位置和物品快速产生联结，而且不能跟其他编码样子"长得像"。

数字	编码	备选	数字	编码	备选	数字	编码	备选
01			16			31		
02			17			32		
03			18			33		
04			19			34		
05			20			35		
06			21			36		
07			22			37		
08			23			38		
09			24			39		
10			25			40		
11			26			41		
12			27			42		
13			28			43		
14			29			44		
15			30			45		

续表

数字	编码	备选	数字	编码	备选	数字	编码	备选
46			68			90		
47			69			91		
48			70			92		
49			71			93		
50			72			94		
51			73			95		
52			74			96		
53			75			97		
54			76			98		
55			77			99		
56			78			00		
57			79			0		
58			80			1		
59			81			2		
60			82			3		
61			83			4		
62			84			5		
63			85			6		
64			86			7		
65			87			8		
66			88			9		
67			89					

小贴士 Tips：每个编码必须是具体的、有形的、有动作的，能和其他的位置和物品快速产生联结，而且要区别于其他编码。

第八节

数字编码桩子

完成了数字编码的设计，接下来我们要讲解数字编码桩子了。

由于每个编码都是一个词，也是一个物品，由它们本身可以联想到一些场景。比如，由01想到灵异，那么自然会想到鬼屋或幽灵船之类的物品。由这个联想，我们可以轻松地获得场景图像。

下面以我自己使用的100个数字编码的前11个为例，展示我设计1000个桩子的方法和过程，供大家参考。（如果需要我自用的千桩，可以另外联系。）

数字	编码	编码来由	编码联想场景的原因	场景名称
00	眼镜	00两个圆像眼镜的两个镜片	眼镜店	眼镜店
01	灵异	由数字本身谐音而得	灵异事件发生的地方一般是鬼屋	鬼屋
02	灵儿	谐音想到电视剧《仙剑奇侠传》里的人物灵儿	联想到她住的地方仙灵岛	仙灵岛
03	灵山	谐音想到江苏的灵山	由灵山想到灵山上的大佛	灵山大佛
04	零食	由谐音联想到	由零食想到零食商店	零食商店
05	领舞	由谐音联想到	由领舞想到跳舞的人，联想到学校礼堂的舞台	学校礼堂舞台
06	领路	由谐音联想到	领路让我想起出门必备的导航，由此想到汽车导航，想到了汽车销售的4S店	汽车4S店
07	令旗	由谐音联想到	令旗是军中之物，由此想到军营	军营
08	泥巴	谐音，泥和零音相似	想到玩泥巴的地方，泥巴场一般都是专门的儿童游乐的地方	泥巴场

第五章
创造属于自己的记忆宫殿

续表

数字	编码	编码来由	编码联想场景的原因	场景名称
09	菱角	由谐音联想到	由菱角想到以此命名的菱角湖	菱角湖
10	棒球	这是象形，1像棒，0像球	由棒球想到体育馆	体育馆

完成上面的场景联想之后，每个数字编码都可以产生场景，这样我们便可以从场景中找出地点桩子。

下面是我从前9个编码分别找出来的9张图，供大家参考。

我建立了两套数字编码，一套是数字字母对应的编码，一套是100个数字联想对应的方法，现在也列出来供大家参考。

下面是字母与数字的对应关系表：

高效记忆
用记忆宫殿快速准确地记住一切

0	1	2	3	4	5	6	7	8	9
D	Y	Z	M	S	W	L	Q	B	J

下面是字母组合与联想的编码词汇：

00DD 导弹	20ZD 砖雕	40SD 圣诞	60LD 炼丹	80BD 宝岛
01DY 钓鱼	21ZY 栽秧	41SY 实验	61LY 柳叶	81BY 毕业
02DZ 笛子	22ZZ 郑州	42SZ 书桌	62LZ 绿竹	82BZ 宝藏
03DM 打麦	23ZM 藏民	43SM 沙漠	63LM 喇叭	83BM 拜盟
04DS 读书	24ZS 诊所	44SS 寿司	64LS 旅社	84BS 别墅
05DW 动物	25ZW 杂物	45SW 守望	65LW 龙舞	85BW 比武
06DL 吊楼	26ZL 展览	46SL 睡莲	66LL 榴梿	86BL 壁炉
07DQ 打拳	27ZQ 战旗	47SQ 石桥	67LQ 篮球	87BQ 兵器
08DB 堤坝	28ZB 织布	48SB 设备	68LB 萝卜	88BB 背包
09DJ 丹江	29ZJ 战将	49SJ 水景	69LJ 老街	89BJ 镖局
10YD 园丁	30MD 缅甸	50WD 苇荡	70QD 祈祷	90JD 家电
11YY 游泳	31MY 蚂蚁	51WY 午宴	71QY 签约	91JY 降雨
12YZ 渔舟	32MZ 苗寨	52WZ 蚊帐	72QZ 清真	92JZ 嫁妆
13YM 羊毛	33MM 牧民	53WM 文墨	73QM 骑马	93JM 街面
14YS 仪式	34MS 茅舍	54WS 武术	74QS 旗手	94JS 集市
15YW 渔翁	35MW 木屋	55WW 文物	75QW 青蛙	95JW 郊外
16YL 阅览	36ML 毛驴	56WL 围栏	76QL 青莲	96JL 酒楼
17YQ 乐器	37MQ 鸣禽	57WQ 围裙	77QQ 气球	97JQ 警犬
18YB 阅兵	38MB 面包	58WB 卫兵	78QB 铅笔	98JB 甲板
19YJ 越剧	39MJ 木匠	59WJ 玩具	79QJ 起居	99JJ 击剑

现在我有两套数字编码和图像，共2000个地点桩子。大家可以模仿制作，从而获得数字编码桩子，以供日后背诵大量信息存放内容使用。

地点是有了，上千个地点，如果我们记忆的是连续的内容，要定位怎么办？比如，第257个地点是什么？这里给大家提供一条定位公式：（数字编码）× 10 +（地点位置数）。比如，000 × 10 + 1 = 1，也就是第1个地点；编码03 × 10 + 3 = 33，也就是第33个地点。那么前面说的257实际上就是第25个编码的第7个地点。规律就是，10位数以上的是编码的代表，10位以下的是位置。例外的是整数位置，如30、40、200，这些位置是加10而来的，所以实际上位置还在上一张图里面。比如，260是在25编码的第10个地点。所以遇到整数位，只要10位的数减1便可以快速找出来。只要理解了这个规律，定位超级快。

除了实体、虚拟和编码，还有没有其他的方法供我们找地点桩子呢？答案是有的。接下来我再举一些其他的例子，让我们一起了解其他桩子的创造方法。

从上面的例子中，我们可以了解到，桩子是很多的，只要有顺序、有场景就行。生活中的物品也是可以做桩子的，如汽车、人体、动物等，小到一支笔都可以做桩子。只要有形体能分解出特征点的都可以用来当桩子，甚至文字、古诗、题目、熟语等也都可以做桩子。

目前已经有《千字文》桩子、古诗桩子，人物桩子等，其实还可以造出更多的桩子，这就看你的想象力和创造力了。

我曾经用全国10个旅游景点，每个景区找10张图片做地点，获得了10乘以10等于100张图1000个地点，这样就有千桩可以使用了。

我也使用数字字母对应的方法，设计了000到999的数字编码表，同时找了1000张图片作为地点桩子，建立了10000个桩子。有了这么多桩子，实际上已经够我们生活和学习使用了。

除了以上这些找桩子的思路，你也可以再想想由什么内容组合引发的顺序可以直接做桩子。总之，桩子是无限的，只有你想不到，没有不够用的。

高效记忆
用记忆宫殿快速准确地记住一切

小 贴 士
Tips

当地点数量十分庞大后，定位就需要用到定位公式：（数字编码）× 10 +（地点位置数）。比如，第 257 个地点实际上就是第 25 个编码的第 7 个地点。

第六章

1小时学完
世界记忆大师的方法

前面的讲解一直是为这一课做准备的,因为前面都是讲解记忆方法和打造它的基础,以及说明理论观念。从这一章开始,你读完之后将学会我的记忆课程体系,并且记住所有的内容。如果你前面的基础打得好,而且准备好了,那么你可能只需要 1~2 个小时就可以全部学会,而且可以做到任意抽背、倒背,提问都可以直接回答出来。使用记忆宫殿方法学习记忆宫殿,让你不只学方法,还能在学习中使用方法。

第一节
学习记忆宫殿的准备

我们要记住东西需要准备什么呢？

如果前面认真学习，你一定知道需要地点，需要建立自己的记忆宫殿。学习记忆宫殿，建立多少地点才够呢？那要先看看这门课程的重点和难点有多少。

我的课程大纲重点如下。

1. 记忆心理学。

记忆的分类：按照时间分，按照内容分，按照意识分，按照左右脑分，按信息对象分。

记忆的过程和规律：记和忆，格式塔原理。

记忆的本质：熟悉内容，联想陌生内容。

2. 记忆的4个步骤、4个阶段、4个训练步骤。

3. 记忆的6种方法。

4. 转化的方法与造字六书。

5. 联结的技巧。

6. 联结的建议。

7. 桩子注意问题。

8. 记忆策略与应用。

以上8个部分内容是我平常讲课的重要大纲。我们知道，有8个部分，意味着最少需要8张图进行记忆，有可能需要更多。在上课之前我们必须事先准备好图片。我们现在去哪里找8张图来进行记忆呢？以前我建立了

"记忆之家"并用它来记忆这些知识，但那是过去的事了，我的课程升级了，再用"记忆之家"举例子，那以前学过的朋友一定会混淆某些地点。

所以我们就用我的数字编码来学习吧！正好前面举过例子，大家也知道我的前10个编码是什么，接下来就跟我一起来复习一下，巩固记忆，然后使用它们记忆我的课程内容吧！

00是眼镜，原因是两个圈像镜片。从哪儿买的呢？眼镜店。01谐音灵异，想到闹灵异事件的鬼屋。02想到的是灵儿，她住在哪儿呢？没错，在仙灵岛。03是灵山，灵山上有什么？有大佛。04谐音零食，从哪里买的呢？零食店。

请马上闭上眼睛回忆这5个数字，从00到04；然后把它们对应的场景背出来：00是眼镜店，01是鬼屋，02是仙灵岛，03是灵山大佛，04是零食店。如果你能很快背出来就算过关。如果不能，请重复几次上面的引导逻辑，再顺着逻辑回忆。只要你掌握了"顺藤摸瓜"的技巧，运用逻辑推理，就一定可以背出来。

接着看，05谐音是什么呢？领舞，也就是学校礼堂的舞台或缩写成舞台。06呢？领路，6跟路有什么关系呢？因为6的汉字大写为"陆"，发音为"lù"，所以由06便会想到领路，想到导航。在哪里装的导航呢？汽车4S店。07呢？令旗，这个谐音很顺口。那么哪里发令旗？军营！08呢？谐音泥巴，想到玩泥巴的场地。09呢？谐音菱角。当然你也可以增加联系点，比如，这个菱角9个角。菱角掉到一个湖里了，什么湖？菱角湖。10象形，1像棒，0像球，所以是棒球。棒球在哪里打呢？体育馆。

接下来依然需要闭上你的眼睛，然后从05到10回想一遍。想不起来的再强化一下逻辑关系，直到成功背出来。

最后，请你试一下从00一直背到10，假如你能成功地背出来，说明你完成了准备练习。如果没有完成，不要灰心，那是因为你的脑子里还没

第六章
1小时学完世界记忆大师的方法

有对这些数字和它们的关系产生印象。再一次理解谐音的原因和对应的内容联想出来的场景，你的印象将会更深刻。多多练习，直到可以顺利背出来，才可以接着学习下面的内容。

假设你已经过关了，那么接下来，请看这一张关于眼镜店的图片。

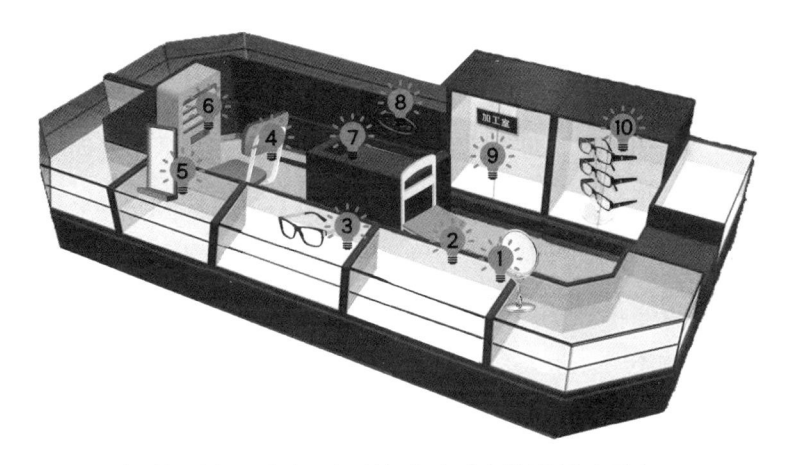

按照图上标的顺序，我们需要快速地进行识别和记忆。

眼镜店的第一个地点是镜子，注意观察这面镜子是放在玻璃柜台上的。后面是一把椅子（第二个地点）。从我们观察的角度，左边是一副放在柜台上的眼镜（第三个地点）。第四个地点是椅背，这把椅子面对的是另一个展示柜，柜台上还有另一面镜子，也就是第五个地点。

问题来了，两面镜子，怎么办？前面我们也讨论过这个话题，一个房间尽量不要有一样的内容，如果我们一定要用它怎么办呢？这时找前后两面镜子不一样的地方，比如，这一面镜子，我觉得它的支脚颜色和前面的不一样，那记忆要点就取镜子支脚作为特征点进行联想，而不是镜面。因为取的特征点不一样，所以两个地点变得不一样了。接下来是后面的空调机，这是第六个地点。第七个地点是空调机边上的收银台（前台），后面是店面的背景墙，墙上有个大标志，我们取这个标志作为第八个地点。第九个地点是标志边上的镜片加工室。顺着加工室可以看到前面有一排黄色的眼镜架，这是第十个地点。

我们已经对这十个地点进行了识别，接下来，需要进行记忆。首先尝试回忆这十个地点，如果能一口气全部回忆出来，说明你的空间记忆能力很好。如果中间有遗漏，观察遗漏地点的特征，在脑子里面再次回放它们，同时优化地点的联想"黏力"。比如，镜子的支脚可以放东西，有支柱可以被依靠或是撞击镜角会疼痛等。再如，第六个地点空调，特征点可以是吹出冷气的出风口，也可以是进风口，还可以是顶部平整的地方。你可以观察每一个地点，取你感觉深刻的点，进行深入体验和观察。如果你选择的特征是吹冷气，可以想象冷气口吹出6级风来，也可以是漏出6滴冷水等，加强其与6的联系，以帮助回忆位置序号6。

其他地点就不一一带大家训练了，因为自己去创造这个过程并发现和体验地点的特点，印象会更深。回忆地点的时候，请打起十二分精神，深呼吸，闭上眼睛，回放每个点，确保每个地点能清晰地回忆。之后，拉远镜头到3或5个物品同时出现，体验回想多个地点的感觉。有些时候，可能拉远镜头，你会因为注意力分配不过来，不能同时想多个地点。那就快速移动想象位置，通过移动"焦点"达到想象多个物品画面的目的。总之，这一部分的练习，更多的是个人经验和体会，关键在于地点的画面和内容在脑海里想象和加工的过程。你需要在生活中多观察，在想象时大胆创新，创造带有情绪感觉体验和感受的动态想象画面。

现在请大家回忆这十个地点，确保自己百分之百记住，我们就可以开始进行后面的学习了。

小贴士 Tips 想象时创造带有情绪感觉体验和感受的动态想象画面，回忆地点时，深呼吸，闭上眼睛，回放每个点，确保每个地点能清晰地回忆。

第二节
用记忆宫殿记学习要点

接下来的操作是把课程内容的关键信息列出来,再一一解释,然后把它们记在准备好的地点上。

记忆的分类有哪些?

记忆按时间划分为瞬时记忆、短时记忆、长时记忆。

记忆按照内容分为形象记忆、动作记忆、情绪记忆、逻辑记忆。

记忆按照意识参与分为有意记忆和无意记忆。

记忆按照左右脑分为左脑记忆和右脑记忆。

记忆按信息对象可以分为符号记忆、文字记忆、声音记忆、图像记忆。

记忆过程分为识记、保持、再认,以及再现。

经历和体验会在脑中产生印象,事物经过有意或无意地重复会在脑海里留下痕迹。获得印象和留下痕迹的过程就叫识记。

信息在脑海里存下来之后,会以两种形式保持:一种是记忆表象,另一种是语句表象。记忆表象的意思就是脑子里形成对事物的感觉形象;语句表象是指通过语言逻辑形成的记忆信息,如理解之后用自己的话说出来,就是语句表象。

再认是当内容重新出现在你面前时,你能再次把它们认出来。这是回忆的一种类型。另一种回忆叫再现,意思是信息内容已经不在你面前了,你还能在脑海里重现它。

看到单词想到中文意思这是再认。选择题考察的是再认;背诵课文、默写内容,这些考察的是再现。再认和再现使用的记忆方法是不同的。

格式塔原理，意思是如果你认识一个东西，你看到其中的一部分就能猜到整体。比如，你看到狗的一半身体，会想象出狗的另一半身体。当你看到用黑点拼出来的兔子，你不会只看到黑点，不需要线条连在一起，你就会知道那一定是兔子，这就是格式塔闭合原理。对于记忆来说，一个整体的信息会更好记忆。

比如，冰箱、小册子、鸭舌帽、执照、骰子5个词，散乱没有规律，但如果我将它们组成一句话：冰箱里有一本小册子，被你拿出来装在鸭舌帽里，放在执照上，然后在上面投骰子。建立了这个语句之后，你的回想逻辑：什么地方有什么东西？拿出来装在哪儿？放到什么地方？然后在上面做什么？是不是很自然地就能按顺序记住这些内容了呢？为什么加了一点联系，把内容拼合在整体的故事里就很好记住了呢？因为整体的信息有关联就好记忆，这就是格式塔闭合原理，也是我们快速记忆的核心。

上面的格式塔原理让我们认识到，有联系的信息在一起形成完整的全部信息，从局部观察也能得到全部信息。其实，说白了就是利用熟悉的整体，联想陌生的局部。总结便是：记忆本质只是利用熟悉的内容联想记忆陌生的信息。

一口气学习了这么多知识，现在马上使用记忆宫殿的地点桩子来记忆它们。

第一个知识点是瞬时记忆、短时记忆、长时记忆，提取重要关键字并谐音变成"顺短长"。分类方法是按时间划分，由时间最容易联想到的是时钟。时钟上有长短不一的指针，所以我们产生的第一个联想：用时钟看时间是顺着短和长的针来看的。

第一个地点联想：镜面上安装了一个时钟，只有两根针，一根短、一根长，它们顺着方向在走。正确信息回忆：顺短长，瞬时记忆、短时记忆、长时记忆。请在脑海里默想一遍，同时确认自己已经背下来了。

第二个知识点是按内容划分为形象、动作、情绪、逻辑4种记忆，提取关键字变成"形动情逻"。联想：记忆内容是会行动的青萝卜。

第二个地点联想：椅子上坐着一个卡通化的青萝卜，它会行动，我们叫它行动青萝。正确信息回忆：行动青萝，形象记忆，动作记忆，情绪记忆，逻辑记忆。请在脑海里默想，并确认正确回想出信息。

第三个知识点内容比较少、比较容易，那就和第四个知识点合在一起记忆，以后学习任何东西都一样，简单的内容就不需要刻板地用记忆法，否则会很累。

我们要背的知识点内容是：意识参与和没有参与，还有左右脑划分。理解了之后基本就记住了，那么我们只要简单联想成"有意无意左右脑"，练习一下。

第三个地点联想：桌上的眼镜是一个魔镜，戴上可以有意无意训练到左右脑。正确回忆信息为：有意识记忆，无意识记忆；左脑记忆，右脑记忆。

第五个知识点提取关键信息为"信息对象划分为符文声图"，联想为"信里写着富翁生土"，意为"信里写一个富翁生的不是孩子，是一堆土"。

第四个地点联想：椅子靠背，想到一个人在这里读信，内容是富翁生土。即符文声图，符号记忆，文字记忆，声音记忆，图像记忆。

第六个知识点：记忆过程分为识记、保持、再认、再现。记忆提取为：过程识保认现。联想：郭成施暴人仙。意为：叫郭成的人施暴，对付人群中的神仙。

第五个地点联想：镜子位置前面站着一个人叫郭成，他施暴力法术，让镜子显示出人群中的神仙。正确回忆信息：过程识保认现，过程识记、保持、再认、再现。请在脑海中默想回忆，确认正确，再学习后面的信息。

第七个知识点提取要点为：格式塔整体记忆。第八个知识点提取要点为：熟悉带陌生。两个记忆点的关键信息加在一起是：格式塔整熟悉带陌生。联想要点为：哥是他整熟悉带陌生。加工处理之后：哥哥带他把陌生的信息整理熟悉了。

第六个地点联想：空调张着大嘴巴，正在教哥哥整体记忆它熟悉的信息。哥哥代表格式塔，整体记忆熟悉信息代表整体记忆、熟悉带陌生的信息。

请在脑海中回忆正确的内容，试着说出理解的意思来，并对照是不是正确。

现在请大家回忆这六个地点和上面的图像，并尝试把学到的知识用自己的语言表达出来，只要意思正确，关键字准确表达就算过关。如果有错误，请重新复习，然后再次尝试，直到成功。

恭喜你，已经学完了第一小节，并且已经背下来了。你会发现，回忆的时候脑海中有"支架"和位置，它们帮助你"存住"这些知识内容，只要想到地点就可以马上回忆出来。这跟以前你学习之后，脑海里空空的，靠的是随机和散乱的回忆的感觉完全不一样。这就是使用记忆宫殿记忆的好处之一。

小 贴 士
Tips

用记忆宫殿学习知识要点，回忆的时候脑海中有"支架"和位置，它们帮助你"存住"这些知识内容，只要想到地点就可以马上回忆出来。

第三节
当前台作为记忆宫殿

记忆宫殿方法有4个步骤：转化、联结、定桩、整理。而图像记忆呢？提取关键字词进行图像转化，把图像联结在一起就完事了。最后一步到底挂不挂桩子上，决定了使用的是图像记忆还是记忆宫殿方法，因为记忆宫殿法最后是定桩子上的。所以，为了区分记忆宫殿和图像记忆，我把后者叫作画图记忆。画图记忆其实就是转化和联结之后不定桩。画好的图，最后一步可以放桩子，也可以不放，还可以用别的方法代替，以达到长久记忆的目的。其他方法我们后面再论述。

我们接着分析4个步骤。关于转化和定桩，前面我已经举过例子，也讲过转化可以用音形义。定桩我们一直在练习和使用，所以这里不需要赘述了。主要是多了两个新词：联结和整理。

联结是指让信息符合格式塔闭合原理，翻译成通俗的话就是让信息连成整体，让信息产生关系。这些关系不一定有逻辑，有可能是视觉图像的结合，如一支笔插在杯子里，这是一个视觉图像动作，并没有逻辑因果关系，也没有推理，只是一个动作，是画面的互动。这就是我说的联结，也就是格式塔闭合原理，或者说信息整体性带出陌生信息。这是记忆的本质，所以，训练好联结是记忆宫殿方法的基础核心。

整理是对已经产生的图像和联结内容进行优化，以便记忆得更好。整理的方式可以是修改一下联结，也可以是组合图像，使得记忆更流畅。

学习有4个阶段：基础、训练、系统、策略。这指的是学习要经历的过程。在学习的时候先是打基础，再训练能力，有了能力你会形成一套自己的理解和使用习惯，产生属于自己的东西，然后建立起一套系统流程和习惯（打造系统）。当你有了自己的技巧习惯和理论后，最重要的就是方法的应用，用于背诵内容，提高记忆效率。比如，思考怎么背《新华字典》，怎么背《道德经》，怎么背诵考点。我把这个阶段叫使用策略阶段。

训练步骤同样有4个：读图、过桩、丢桩、联结，主要用于训练词汇记忆、数字记忆及扑克记忆等，有固定编码，只记忆重复组合的内容。4个步骤的训练是成为记忆高手的必经之路。后面我会解释和带大家体验4个步骤，所以在这里只需把步骤背下来就可以了。

下面我们要把第七个地点请出来，这个地点是"前台"，我们用它来记忆记忆宫殿方法的4个步骤。转化谐音成转花，转动的花朵；联结想成是链子前后相接；定桩用一个木头桩子代替；整理想象成蒸梨。接着再将它们组合在一起：前台桌上，有一朵转动的花朵，枝上绑着一条铁链子，链子一头接着一个木桩子，我们拿个锅在木桩上蒸梨。在脑海里重复回想两次这个画面，然后试一下按顺序背出这4个词语。

接着我们想一下第八个地点，背诵：基础、训练、系统、策略。第八个地点是后面的商家标志，或者就直接想成墙面。基础转化成图像是一只鸡，楚楚动人；训练想成拿哑铃的动作；系统想成一个装西瓜的桶；策略想成小册子从中间裂开了还没断完。与第八个地点的墙联想在一起，可以编为：鸡在墙上练习哑铃、提西瓜桶、撕裂小册子。

第九个地点是加工室，记忆内容为读图、过桩、丢桩、联结。这4个词比较容易记忆，所以我们只需要提关键字做联想就行了，关键字为"读过丢联"。联想为：有一个人读加工室里的内容之后感到丢脸。读过和丢脸便是"读过丢联"的谐音。

请从第七个地点开始回想，回忆画面里有花、链子、木桩子、锅和梨。回想出画面之后，一一翻译这些画面代表的词语。成功回忆出来之后，再进行下一个地点的回忆。

第八个地点画面是鸡练哑铃、提桶、撕裂册子。同样，回忆并把每个词背出来。

第九个地点画面是一个人读过加工室里的内容后感到丢脸。"读过丢脸"代表什么内容？

是不是发现自己也可以全部回忆出来了？接下来任务更重，把前面六个地点的每个内容都回忆一遍，看看是不是还能想起来。如果有一些地方不清晰，请不要马上翻回去看，而是尽量回忆，直到实在想不起来，再翻开看看。

以后慢慢要养成回忆画面、翻译图像内容的习惯，不再马上去看和重复诵读，这样除了会提高你的"记忆宫殿"回忆功力，还能真正提高记忆力。回忆的时候请不要傻傻地等大脑自动出现内容，要主动提问。这里有什么内容？这个地点跟什么发生了什么事情？细节是什么？主动去提问，会引出之前联想的内容，利用整体性和逻辑会让你变得更聪明。

小 贴 士 Tips　图像记忆是提取关键字词进行图像转化，再把图像联结在一起，不需要挂桩子上。这决定了图像记忆和记忆宫殿方法的区别。

第四节
虚拟记忆宫殿：鬼屋

通过上面一节的学习，大家对地点桩子记忆信息越来越有信心了。通过不到半小时的阅读过程，有的人已经可以对9个知识点倒背如流，相当于学习了两节课的内容。也许有一些人过去想都不敢想，因为死记硬背很容易走神，导致重复读完后一点印象都没有。

第一张图我们只用了9个地点，浪费了1个地点。因为接下来要记忆的是6种方法，我打算放在一张图上，所以只能记忆在第二张图上。让我们开始第二张图的学习。

老规矩，先找出地点，并熟悉它们。

第一个地点是鬼屋的大门，第二个地点是门左边的楼梯，第三个地点是门上面的窗，第四个地点是烟囱，第五个地点是后面的房顶，第六个地点是屋顶上的星，第七个地点是阁楼窗户，第八个地点是窗上的柱子，第九个地点是草地，第十个地点是树。

请认真看图并识别每个位置，然后闭眼回想。检查找到不熟悉和没记下来的地点，再次确认，再次回忆。全部正确回忆出来之后，同时想象3个以上地点，快速在脑海中观察回忆多次，确认记住之后，请确认第五个地点并依第五个地点推理前后的位置，抽背位置直到熟悉。

因为前面我已经带大家练习过，书中篇幅有限，请大家自行练习。如果遇到问题，可以翻回去看一下上一张图我是如何带你记忆的，并模仿进行训练。

当你往下读的时候，我假设你已经背下上面这张图了，并且可以被提问，如第七个地点是什么，你马上就能正确回忆出来是阁楼的窗户，而且能想到这个窗户的形象样子。如果你还做不到，请暂时停下来，返回去再次复习，练习上面的图。记忆宫殿技术最重要的是记忆图像和上面的地点，以快速记忆内容。如果你没有掌握快速记忆图片和图上内容的技巧，就很难用好记忆宫殿技术。这说明你需要花更多时间训练地点桩子，背更多的地点，让自己在空间想象和图像想象方面的能力有所提高。

接下来，我们要学习6种方法。6种方法分别是谐音法、象形代替、串联记忆、编码记忆、桩子记忆、关键词记忆。

它们是快速记忆的基础。谐音法和象形代替法是抽象转化图像的基础方法，它们本身也可以记忆一些小碎片知识，但是记忆不了信息量大的内容。串联是练习联结的关键方法，编码记忆和桩子记忆都是记忆宫殿的核心方法，只是编码记忆是挂钩记忆，比较抽象，重点在语句表象联想，而桩子记忆重点在图像想象，属于记忆表象存储，分别属于两种不同的记忆保持形式。最后是关键词记忆，它是压缩文字内容做到快速记忆文字的好帮手，也是帮助我们理解文字信息的重要方法，起到提纲挈领、提取重点中心的作用，能帮助我们快速建构知识框架和记忆重点。

详细的方法举例会在下一章展现，这一章我们只要初步了解并且背下它们就可以了。

我们的记忆宫殿地点对应的6种方法分别是：

1.门对应记忆谐音法，可以想象门上印个鞋印（谐音）。

2.楼梯联想记忆象形代替，可以想象楼梯上有一只大象身上有星星的文身（象形转化成大象身上文星星），扛着一袋猪蹄（袋和蹄分别代表代和替两个字的谐音，从它们联想到代替）。

3.窗户联想内容是串联记忆，可以想象窗户上面挂着捆好的一串串对联，数量很多。由这个画面就可以想到串联记忆了。

4.烟囱对应编码记忆，编码可以转化成鞭打一匹马。想到一匹调皮的马，上到烟囱，我们鞭打它，让它下来。

5.屋顶位置记忆的是桩子记忆，桩子可以转化成庄子，想到古圣先贤庄子坐在屋顶看风景，边看边记忆。

6.屋顶的星位置需要联结的是关键词记忆，关键词可以转化成管剑刺，意为管子里藏剑和刺。想象成，这里挂着管子，里面藏着一把剑，剑上还长着刺。想到屋顶上的星挂着一根管子，里面藏着剑和刺，就想到关键词，由此联想到关键词记忆。

简单地对应地点和想象联想之后，请大家尝试回忆。也就是先不要重新看以上的文字，而是看图上标的位置，回忆刚才脑海里想象的图像。

如果遇到想不起来的地点和对应的内容，请使用提问自己的方法尝试找出来。比如，问自己：这个位置是什么？有什么图像，是动物、物品还是动作？有破坏或是什么作用力吗？只要能想出来的问题都可以问问你自己，这样做的好处是帮助自己强化思考能力和回忆的能力。

实在想不起来，就跳过，直到全部完成了，再翻回去对照前面的讲解，把缺失的记忆和所对应的联想及逻辑再整理一次，并对画面进行加强印象练习。

小 贴 士
Tips

如果遇到想不起来的地点和对应的内容，请使用提问自己的方法尝试找出来。只要能想出来的问题都可以问问自己，这样做的好处是帮助自己强化思考能力和回忆的能力。

高效记忆
用记忆宫殿快速准确地记住一切

第五节

虚拟记忆宫殿：仙灵岛

现在轮到数字02的图像场景上场了，让我们请出仙灵岛图片。

请大家一起练习这张图，看第一个地点是梅花，不管什么花，反正就是花，长在枝丫上。大家观察这花是不是像一个人，"曲身舞态"呢？

第二个地点是树根，根长在水里面。沿着树根向上，便是树头长在岸边石堆混合的高处。树头的地方是我们的第三个地点。第四个地点是树叶子，有鸟飞的地方。顺着树叶下方，是水中的一块大石头，这是第五个地点。沿石头向上，是楼阁的走廊，这是我们定位的第六个地点。第七个地点是楼的顶部，观察它，是一个三角顶，古代的楼顶都是用瓦片盖的。第八个地点是凉亭。第九个地点是远处的瀑布。第十个地点是躲

第六章
1小时学完世界记忆大师的方法

在荷花里的灵儿。

大家观察我标上数字序号的图片，对照看看，是不是和你想象的一样。

对照完，请闭上眼睛，从1到10回忆每个地点的细节。如果每个地点都可以回忆出来，说明你已经慢慢习惯了记忆地点和图像的内容了。如果还是有一些遗漏，找出来，再仔细观察。对于那些不清楚的地方，可以自己增加一些想象内容。比如，第二个地点树根，脑海里的画面不清晰，可以增加一只乌龟爬到树根上来晒太阳。乌龟是你熟悉的动物，它的出现能帮助你更清晰地记忆这个位置。

接下来我们需要学习关于转化的方法和造字六书以及它们的关系，并把它们记忆到上面这张图像里。

说到转化，前面我们讲过主要靠的是谐音和象形代替。它还包含了哪些呢？

转化包含了转化的谐音和代替法、象形、形声、指事、转注、假借、会意、加减、夸张（张冠李戴、切取嫁接）。

我们先把这些关键性的字转化成图像，记下之后我再一一讲解它们。

前面我们曾用"转动的花"来代替转化，正好第一个地点就是花，当我们看到花时是不是有一种很巧合的感觉！没错，就是它，我们想象花在转动，就像风车在转一样。这样记忆也太简单了吧！如果觉得简单可以增加记忆信息：转化方法包含谐音和代替方法。增加内容后，我们需要将内容拆分。"转化"一词已经有了图像，接着需要处理"谐音""代替"这两个词。前面讲过谐音转化图像为鞋印，而代替转成一袋猪蹄。那么我们就可以想象：转动的花，枝头挂一个袋子，上面印着鞋印，里面装着一袋猪蹄。回忆联想信息是：转化方法包括谐音、代替。

可能你会觉得上面这部分整体联想好像不太完美，有一些信息缺了，没编入故事里，担心这样是不是会忘记。实际上，我们的目的是快速记住,只要脑海里面能创造记忆的画面就可以了。如果回忆时遗漏,再从联想画面上补充;如果不会漏信息,就直接简洁画面记忆。因为最终我们的目标是脱离地点和故事依然能脱口而出记忆内容。记忆过程的地点桩子和联想,就像帮助我们过河的船,如果你已经到对岸了,船对你而言就没用了。

  第二个地点是树根,对应的记忆内容是象形。一般我们遇到词,第一步是发出声音地读词,然后根据拼读声调,发散联想有没有同音的词自身带有帮助记忆的画面。有人说,发音联想能力不好,反复念念叨叨都找不到有意义的好记的词。这是初学者最难掌握的地方,不过好在有一个非常简单的方法能让你瞬间成为转化图像高手,那就是使用拼音输入法。比如,将"象形"的拼音"xiangxing"输入输入法之后得到"箱型",是指一个箱子的形态,正好有画面,它使人想到一个箱子。如果你觉得这样还不行,我还有一招助你转化。你只需要拆开两个字,分别找图,再合并在一起。比如,"象形"拆开来是"象"和"形"。"象"可以马上让我们想出一个画面,那就是一只大象。而"形"呢?我们可以通过发音,念拼音的四声,通过拼音的四声去匹配,很快发现第一声的同音字"星",是一个具体的画面,让人联想到五角星。现在我们的信息加在一起是大象、五角星。我们自然能联想到大象拿星星、大象画星星、大象身上文星星等画面。没有对或错,只要能帮助你加深印象都可以。

  第二个地点联想内容是树根上有一只大象身上挂满星星,代表的记忆内容是"象形"。

  这个地点上的记忆内容很简单,只有一个词,记忆和回忆都非常简单。实际上,初学者不适合在一个地点上记忆太多内容,等以后大家的"功力"修炼得更厉害了,可以一个地点记忆5~10个信息内容。

  接下来是第三个地点,记忆内容是形声。在记忆过程中如果发现两个字的词，其中一个字是重点。比如，形声就是声音像的意思，提取重点代表字是"声"字。除非你回忆发现"形"字忘了，否则不需要再添加"形"字的记忆信息。

"声"让我们联想到什么呢？它让我马上想到喇叭发声。当然这也是因人而异的，如果你第一反应是其他内容，也是正常的，你可以用其他图像代替。我们想象图像的时候，需要同时建立起字的逻辑，所以我们需要看到"声"想到"会发声的喇叭"。当看到"喇叭"图像，要告诉自己：喇叭会发声。"声"代表什么？形声。这是我们心理回忆的过程。也就是你需要在心里产生提醒和记忆暗示，加强自己的印象。画面与地点联想可以是：一个喇叭安装在大树的枝干上。

第四个地点，记忆内容"指事"，谐音可以找到：芝士。如果对芝士不熟悉的人，可以变一个方法找图像。比如，"指"联想到手指，"事"想到数字4。可以组合联想为：指头4根。如果和地点结合联想可以想成：树叶上长出指头4根。回想便是"指4"，也就是指事。

第五个地点，记忆"转注"，谐音找到的词如专注，是抽象词，所以我们只能用拆字的方法。由于"注"与"猪"发音相近，所以马上就可以想到转身的猪，即转猪，从而正确回想出"转注"一词。想象水中石头上有一只猪正转身向你挥手，看到第五个地点就想到转身的猪，想到转注。

第六个地点，记忆"假借"。如果熟悉牙膏的话可能会联想到佳洁士。要是要求拆字联想呢？可以先念"假"字的四声调：jiā、jiá、jiǎ、jià，发现第二声的夹（jiá）和第四声的架（jià）都能联想到形象画面；夹让人想到夹子，架让人想到架子。已经有两个图像了，我们找出后面的字来匹配，看选择哪一个更好。"借"字四声为jiē、jié、jiě、jiè。马上可以想到夹子夹住姐姐，架子上站姐姐，还有架子上打绳结等。你可以从多个图像中选择你喜欢的、熟悉的,而且能跟地点搭上关系的。第六个地点是走廊,那就可以想,这里搭了个架子,上面站着姐姐;或是姐姐从这里走出来,要出嫁了,叫嫁姐。想象完成之后,请在脑海里重复一遍,并把正确信息回忆出来。

第七个地点,记忆"会意"。会意谐音为灰衣,也就是身穿灰色衣服的意思。你可以想象一个身穿灰色衣服的人站在楼顶,很拉风的样子。想到屋顶有一个灰衣人,就想到会意。

第八个地点,记忆"加减"。这次我不使用谐音或是拆字组合整体联想了。这一次我们使用会意法。加减意思就是增加减少。那我们就想象一个小学生在做加减法练习。结合地点,想象有一个小学生在凉亭里做加减法练习。

第九个地点,记忆"夸张",外加内容"张冠李戴"。运用谐音和拆字联想,我们都难以找到与"夸张"有关联的象形画面。怎么办呢?我们还有一招,直接借字上的特征:"夸"字分解成大和亏,"张"分解成弓和长。组合四个信息,可以找到"大弓"一词,这是我们熟悉的、有意思的画面。我带大家记忆这些内容,同时也是示范如何背记知识内容,希望大家好好体会过程和理解这些方法,待以后独自记忆信息时,也可以快速地完成。有了"大弓"的图像,接着要转化"张冠李戴"这个词,按会意方法想象一顶帽子上贴着"张"字和一个姓李的人(可以想象你认识的人或者历史人物,如李白)。然后,将图像与地点组合联想在一起。想象第九个地点:瀑布水上站着飘飞起来的李白,手里拿着大弓,戴着贴有"张"字姓氏的帽子。

至此,我们把记忆信息转化图像的方法全部背完了。接着我们来分析一下,这9个地点都讲的是些什么意思。

第一个地点,我们学习的是谐音与代替,前面的课程中告诉我们把复杂、没有意义的符号转化成有意义的图像，这样记忆起来更容易一些。如何才能把没有意义的转化成有意义的呢？谐音法是比较好用的转化方法，刚才我们记忆转化方法的9个知识重点，也用到了谐音方法，谐音其实也就是所谓的形声。

还有另一个技巧：代替法。代替法是指用有意义的图像画面代替对应的词组或是一句话，它与会意和指事、嫁接（假借）、转注等有着一样的功能，所以我们可以把这几种方法统一叫代替法，实际运用中一起组合使用。

为了让大家更理解代替法，我给大家讲一个故事：

从前，有一个叫仓颉的人，他是黄帝手下一名记录事实的官员，用今天的话来讲叫作秘书。在没有文字的时候，秘书可不好当。一开始，脑容量还够用，记忆力好一点就可以记下来不少东西。可是时间一长，内容越来越多，怎么办？仓颉用绳子打结来代表数量，记忆数字。日子长了，绳子打的结太多，管理也不好办。要记忆的东西太多了，仓颉开始犯愁，要怎么做才可以不出错又做得好呢？

有一天，他参加集体狩猎，走到一个岔路口时，几个猎人为往哪条路走争辩起来。一个猎人坚持要往东，说有羚羊；一个猎人要往北，说前面不远可以追到鹿群；一个猎人偏要往西，说有两只老虎，不及时打死，就错过了机会。仓颉一问，原来他们都是看着地上野兽的脚印才认定的。仓颉心中猛然一喜：既然一个脚印代表一种野兽，我为什么不能用一种符号来表示我所记的东西呢？他高兴地拔腿奔回家，开始创造各种符号来表示事物，成功地发明了文字用于记录内容。

黄帝知道后大加赞赏，命令仓颉到各个部落去传授这种方法。渐渐地，这些符号的用法推广开，经长期实践与改造，形成了今天的文字。

从这个故事中我们可以知道一点，汉字是由看得到的事实事物提取形状转成符号而来，也就是平常讲的象形字。这些字数量虽然有限，但是本身形象直观。我们可以从文字中发现它们很像在画简笔画，只是比简笔画更抽象一点。比如，日、月、山、目等上百个字一直保留着直观的图像，我们很容易就可以看出它们与原本图像的相似之处。

字是从生活中创造出来的，那么就一定可以还原为生活中的形象，这对我们的记忆法来讲是一个非常重要的信息，因为对我们来说图像可以百分之百记忆。既然在生活中可以将画面想法"翻译"成文字符号，我们也可以完全地翻译回去。

受此启发，研究文字的造法，便可达到将汉字"翻译"成图像的效果。造字六书便是造字的方法，这"六书"可以完全地转化所有的文字，将它们从汉字变成图像。

造字六书是象形、形声、指事、会意、转注、假借。

象形自然不用我解释，大家只要看到汉字形状就可以猜想到图像。

形声的转化技巧有哪些呢？方法很简单，使用同音字或近音字就可以完成转化，在同音字中找一个有形状的字。如果同音字中找不到，可以根据发音相似，找到一些类似的音或是方言上相同的音，从中匹配图片形象。比如，"九"和"狗"在粤语和闽南语系中都发相同的音。再如，yao和yan韵母发音很接近，可以借以找到图像方便记忆。这些发音本身很相似，读出音马上就会想到被记忆的信息，如"痛苦"谐音成"童裤"。如果用于代替的词与原先的词的发音相似度不高，就容易混乱，找不到最初的原文。

特别要注意，小学生连字发音都不准，在记忆过程中就开始使用谐音，结果字的发音老出错，这就起到反作用了。所以对于变音的谐音我们要注意，尽量取同音字来进行变化，才有利于发音标准，还有利于多音字的记忆，日后区分同音字的能力也会更强。

谐音是很多人常用的方法，但是用好的人并不多，主要是因为不会运用意思扭曲法。比如，伊索寓言，伊字念四声之后是yī、yí、yǐ、yì，我们发现这里可以取"一"。索念四声得suō、suó、suǒ、suò，就找到锁头的"锁"。寓念四声找到yū、yú、yǔ、yù，可以找到"鱼"。言念四声可找到yān、yán、yǎn、yàn，找到"燕"。组合得到：一锁鱼燕。这时候可以编成一个小故事，一把锁把鱼锁在燕窝里，或是一把鱼状锁锁住了燕子。可以发展很多个版本，只要你能想到，且图像鲜明、清晰、有趣、生动就可以了，没有对或错的限制。

谐音法只要经常用，积累了一定的图像量和一定的转化经验，看到一个字就可以马上找到图像，看到词就想到故事的图像画面，这样记忆力就会越来越好。

这一点在理论课程中我们只讲明白原理，不多做练习。

转化方法"指事"是什么意思呢？当我们不能用象形表达时，可以用抽象符号代表。简单地讲就是画不出来的用几个圈代表。比如"上"字，一横代表地面，一看就知道是地面上方有一个像"卜"一样的符号，"卜"可以抽象看作一个人，我们就可以理解成一个人站在地面的上方。再看"下"字，同理，可以理解成地面之下有一个"卜"，看起来就像一个人被压在地底下，观字便知是下方的下字。指事也可以延伸功能，如会意字"明"即为日与月，指的是太阳与月亮都过去了，明天就来了，我们便可理解成一天一夜之后就是明天了。这个字是会意字，看到这个字就可以知道指的是发生了什么事。这样的字不是很多，但是可以会意的字却不少。所以如果大家遇到不容易记忆的字尽量用会意，而不是刻意从符号中找到解释。

转注，在这里也可以理解为注解。比如，木字是代表木头，林字是两个木，表示许多的树木形成树林了。而如果树木多得数不过来，我们用三个木代替，就演变成森字了。用木的数字来解释林和森，这就是转注。有些字的偏旁部首一半是发音，一半是字义，这种就是形声字，我们可以用谐音解决转化图像的问题。有一些是互相补充说明的，我们可以借助这种注解功能来找到图像。如"幼"字为幺字旁，这个幺就是小的意思，也就是说力量很小的对象，这就是使用了相互说明来完成字的意义。

假借是借用别的字形来说明自己。比如，"描"借用手来说明是用手来操作，另一边的苗是发音，这时我们就会联想到用手来画一只"猫"，记"描"用"猫"的形象。有一些字本身完全没有字形和义，完全借声音来记录字，有一些则是借着部首来完成。所以善于借字来形成图像非常重要。比如，"像"字的单人旁表示一个人，象字代表大象，组合起来就是一个人牵着大象。再如，"牵"字可以拆成"大""冖""牛"，借出来的图像就是，大门口有一头牛。见字要灵活地借用，如"告"就是牛被一口咬掉尾巴了。总之，大家可以在生活中多观察、多积累，自然就会每看到一个字都可以拆出来和组合成图像。

接下来是会意方法。前面我们已经说明了，对于会意，我们可以查字的来历，或是查字的一些组成词后的意思。也就是说，只要能说得通的都可以。如"抽象"，看到第一个抽字想到抽打，结合后面的象字马上就可以联想到抽打大象，这就是会意。不仅可以对单个字，也可以对词组进行扭曲它的本意而达到转化图像的效果。

大家要以象形、形声、谐音为主要转图方法，借助产生图像的方法。产生图像的方法有原意图、借图、创造图三种作图法。原意图就是会意法，借图即假借法，造图即从字的偏旁部首里拆分出内容进行图像创造。另外再借助扭曲本意法、加字组词法或是减字法进行转图，甚至可以使用更离奇的方法，比如，用造图法记忆"鲜"字，把鱼头与羊身结合，变出新物种来，达到夸张的效果。

第六章
1小时学完世界记忆大师的方法

方法要综合起来使用，不要让各种方法单打独斗。将它们结合在一起，它们才会帮你快速完成记忆，加入经验和感觉，你的记忆才会更灵活。要想灵活应用，必然要经过一定量的转图训练，只有量变才能引起质变，你的能力才会变成本能。

年龄小于12岁的应当以形象识字为主，从形象字中找到字的图像，如"人"，本身象形，看上去就像一个人在走路。有一些字比较特别，可以创造出关系来，如"字"，可以想象成一小孩子头戴帽子在学字。总之，对于这些字符一定要形象与原意相结合，不可以扭曲变义，强加解释本义，否则易留下不良的印象。须在理解本义的情况下，再适当地增加一些有意思的创造想象，以帮助记忆及提高创造能力。

小贴士 Tips　我们的目的是快速记住，整体联想不太完美并不重要，只要脑海里能创造记忆的画面就可以了。如果回忆时遗漏，再从联想画面上补充；如果不会漏信息，就直接简洁画面记忆。

第六节
虚拟记忆宫殿：灵山大佛

接下来我们学习联结技巧。我们一样需要借助地点来存放我们的知识点。让我们来学习03，即灵山大佛一图。

因为我们已经第5次使用地点记忆内容了，相信大家已经慢慢"上道"了。

第一个地点是走道，从这里向上走，就是一个台子或祭坛。这是一个小高台，中间是绿草地，这是我们的第二个地点。第三个地点是我们观察的方向，小高台的左边，那一排的小树。往后面走是草坪边上的路灯，是第四个地点。后面是进山大门，门的左边有一个大牌匾，我们选这里为第五个地点。第六个地点是正中的大门，往后走，有一个莲花柱子，这是第七个地点，柱子后面是大佛像，这是第八个地点。大佛像的右边有很多的房子，我们选其中一个屋顶作为我们的记忆地点，这是第九个地点。最后一个地点是屋子右下角草坪上的一棵树，这是第十个地点。

现在马上闭上眼睛，开始回忆地点。如果有想不起来的，请尽量向自己提问，问的问题可以是边上有什么、前后是什么、地点摆放什么等。尽量用逻辑推理让自己想起来，以锻炼自己的推理能力和回忆能力，提高思考和记忆力。

检查自己的记忆程度，同样需要做到可以抽背第几个地点是什么才算过关。如何做到抽查第几个地点时你能快速定位到地点呢？没错，先找第五个地点作为基础，向前后推导。这张图的第五个地点是大门左边的牌匾，前面是路灯，后面是大门正中间。

如果你还不太清楚如何练习这些地点桩子，请翻回到第四章第三节，认真体会如何练习和记忆每一个地点及抽背这些地点。

联结是记忆宫殿方法的基本功，联结反应快，记忆速度会很快。下面总结联结时常用的技巧，以便大家训练的时候可以快速掌握方法。

方法技巧关键字有人物、动作、卡通、中介、冲击、变异、数量、主谓宾（逻辑）、突出特征、关已。

重温一下记忆过程的方法和步骤：提取重点信息或词语，转化成图像，联想成一个整体，想象到地点上。回想内容图像，把图像代表的正确信息回忆出来！

为了更好地训练大家的能力，我要开始加速度了。

人物，通过会意即想到"一个人物"，借"ren"发音可以联想到姓任的明星任贤齐，想象他站在走道上。

动作，谐音为董卓，想到高台的草坪上站着董卓。

卡通，用会意方法联想到卡通动画米老鼠，所以用米老鼠作图像，想象米老鼠爬上第三个地点的小树。

中介，拆字为钟（中的谐音）和结（介的谐音），一个大钟上面还打上一个结，然后挂到第四个地点路灯上面。

冲击，拆字为冲和鸡（击的谐音），想象牌匾上冲出来一只鸡。

变异，谐音联想到便衣，想象门正中间有一个便衣警察走过。

数量，谐音成为树亮，想象莲花柱中间有一棵树正在发亮。

主谓宾，拆字并谐音为猪、喂饼，想象佛像下面有一只猪正在被喂吃饼。

突出特征，谐音成兔厨特蒸，想象佛村里屋顶有一只卡通兔子是厨师，特别会蒸东西。

关己，谐音关机，想象来到树下的人把手机关了。

直接变成图像和关键词记忆，这是比较专业的做法。而且一次10个图像一起记忆，完成之后再回忆，可能有一些朋友会感觉有点吃力。不过没关系，快速回想内容，查漏补缺就可以了。以后我们都采用这种快速的方法，带大家记忆，可以训练大家的记忆宫殿技术。等学完方法，大家要多一些这样的练习，让自己记忆信息速度更快。

请大家从1到10回忆一遍地点，想不起来的依然先问自己，直到实在想不起来跳过。全部完成之后，再补充所有缺失的记忆，并且自行增加联想内容，强化自己的记忆。

你甚至可以向自己抽查提问。比如，第7个地点是什么？7是莲花柱子，这里想象的是一棵树发亮，因此记忆的内容是数量。依此方法随机抽查3~5个，如果全对，说明已经正确记忆了。

下面我来解释一下联结的这10种技巧的细节和使用。

人物在联结中起到非常重要的作用，因为人的变化最灵活，可以有动作、穿戴、表情、行动等，还可以使用身体桩，这样一个人可以进行非常多的联系，并且这些联系是我们非常熟悉的内容。比如，记忆"American"可以这样想，把 me 变成自己，A变成尖塔，ri是日的拼音，can为能，可以编成一个有趣的故事：我站在尖尖的塔上双手指着太阳说"我要利用日能"。如果没有以"我"为人物，那么这个故事就缺个主人了。人物在记忆中起到很重要的逻辑引导作用，让你可以轻易地从人所产生的联系想起所记忆的内容。

动作是人物、动物或是拟人化的角色所产生的。比如，小刀与苹果，这两个不相关的词，如果你想象成小刀切苹果，这样就变得有联系了。动作非常有效果，特别是冲撞动作，这个动作几乎是所有动物和静物都可以使用的。所以我后面还要单独介绍它，希望大家重视它。

卡通也就是把物品变成人。卡通片里面有很多拟人化的小动物，如米老鼠、汤姆猫等。一个杯子只要长出手和脚，画上一个小脸，它的功能就像人物一样了，可以随时产生一串的动作，设定很多的记忆联系。

中介就是在两个物品中间增加一个物品或是人物，让两个物品能以正常逻辑联系起来。比如，擦桌布与椅子，如果加个"小二"就能组成一个有意思的内容：小二拿着"擦桌布"在擦"椅子"。这里小二就起到中介的作用。

冲撞是非常好用的动作，比如，老虎和平面的墙有什么联系呢？运用冲撞法，可以想象老虎一头撞向墙，墙被撞出一个洞来。这样印象就变得非常深刻。冲撞有时比中介好用，如上面的例子，使用中介法，借相片作中介，想象一张老虎的相片挂在墙上，对比两个效果，动态冲撞记忆效果要好得多。

变异是什么意思呢？我们可以对很多东西进行切取组合，把物品或动物的一部分抽取出来进行再组合，比如，鱼和人的组合变成美人鱼，或是羊和牛，或是人和牛等，让内容变得奇异，从而加深印象强化记忆。

数量多少是刺激感官的重要因素。比如，有一只蝴蝶从门口飞进来，换成是有一万只蝴蝶从门口飞进来；音响上面有一只蜜蜂和有一大群蜜蜂在音响上密密麻麻的，两者感觉都是不一样的。

以上让两个词或两个图像产生关系的联结方法，都是一般的技巧，接下来我们要了解的方法，比前面的这些方法还要好用，联结过程更自然，它就是逻辑关系，或者叫它因果关系。听到方法名称可能大家就知道，它是指常见语句组合"因为……所以……"的逻辑结构，或是指我们常见的生活图像画面镜头。比如，桌子边上有椅子组合、杯子装水、学生背书包等。如果出现3个词，太阳、小学生、书包，自然会组合联想成早晨太阳初升，小学生背着书包上学去。内容具有关联性，也具有规律，可以让人推理出来，产生画面后，记忆深刻，经久不忘。一般来说，一个句子含有主谓宾，主语可以是人物，谓语可能是动作，宾语可能是动作的对象，即物品等。设计好的内容组合，会非常容易联想，只要图像画面清晰，记忆效果也会非常好。

有时候，记忆内容中会含有相似的成分，它们就像同音字、近音字一样容易混淆。这时候怎么办呢？只好找一些中介性质的内容来帮助我们区分它们。这些中介将混淆点内容转化变成突出特征点，使内容之间有显著差异，让记忆变得容易区分，不再混淆。如小红旗，一种是小朋友玩的三角形红旗，记忆的时候想象一个小朋友拿着一面三角小红旗，而另一种是小国旗，四个角、长方形，我们可以想象成是一位成人手里挥着国旗。这样一来，虽然都是小红旗，但不同重点被突出，也就产生了区别，不再混消。再如大于号">",观察不难发现,大的数字在开口的一边,小的在尖的一边。所以我们可以想象成,"开口大、尖刀小",这样就借中介信息把重点特征突出出来了。

让两个事物产生关系的方法有很多,我们归纳的前9种都是一些技巧,还有一种能让人印象非常深刻的方法,就是把自己带到想象中,让自己出演想象内容中的主角。把自己融入想象中,更容易产生情绪和体验,可以让记忆变得更有意思、更刺激、更持久。

现在我们已经学习了记忆的两个基础:转化、联结。

转化和联结是所有记忆方法都需要的基本能力,不管你用什么记忆法,你都需要它们。它们就像造房子时用的砖头,像写字时的偏旁和部首。希望大家好好地理解消化这些知识,以提高自己的快速记忆能力。

小贴士 Tips　让两个事物产生关系有很多方法,把自己融入想象中,更容易产生情绪和体验,可以让记忆变得更有意思、更刺激、更持久。

第七节
虚拟记忆宫殿：零食店

学完联结的方法技巧，接下来我们要学习的是联结过程需注意的问题。我学习的资料里，要数陈胜传老师的联结建议整理得比较好，对我的影响也比较大。下面我列出的9条建议就是根据他的联结建议整理而得，可供大家参考。

这9条是：先一后二、互动（在图像里）、放大缩小、数量多、真假（拟人、夸张等）、不要像什么、不要把一个做成另一个、不要跳词、连成一句话再出图。

下面我给大家解释这9条建议的含义。

先一后二：先说第一个词再说第二个词，词所产生的动作顺序不能颠倒，一定要顺序记忆。

互动（在图像里）：两个图像不能只是简单地放着，最好能清晰地互动。如一条河流与一个奶奶，我们不要说成是河流边上有一个奶奶，而是河流里面有一个奶奶，编成记忆图像可以是：有一个奶奶在水上漂，或是河里有一个奶奶在游泳。

放大缩小：如果记忆时有的图像大有的图像小，那么我们要把过小的图像放大（或把过大的图像缩小）到与其他图像大小相当，联想时才会顺手。比如，苍蝇与吉他，如果想象一只苍蝇飞落在吉他上，图像中的苍蝇很容易被大的吉他图像覆盖。这时候最好的处理方法就是放大苍蝇并让它拟人化，变成苍蝇在弹吉他。苍蝇放大了，而吉他相对缩小了，这就是放大缩小。

第六章
1小时学完世界记忆大师的方法

数量多：数量的增加可以强化想象视觉，比如，记忆蚂蚁，想象一万只蚂蚁组成的庞大军队正向我们走来。

真假（拟人、夸张等）：真的就是现实存在的，假的就是编出来的，比如蚂蚁在唱歌，电视在跟你握手，这些都是假的。但是，可以使用这些假的画面以辅助记忆达到更好的效果。

不要像什么：有时候我们想象图像画面时，发现它的形象很像另一个东西，就会借助"像"的物品来记忆，比如，眼睛像鸡蛋，于是借鸡蛋的形象来记忆"眼睛"一词。但这样容易造成回忆时想象画面中只有鸡蛋，却不见眼睛的画面和提示信息，回忆的结果可能就变成"鸡蛋"而不是眼睛。

怎么处理这样的情况呢？可以借人眼睛的部位，想象鸡蛋嵌在眼眶里，只要鸡蛋装到眼睛的位置上，就像咸蛋超人的样子，回忆时就有提示点，容易想起眼睛一词，而不至于忘记。所以，尽量不要使用什么东西像什么，如果一定要使用，要在图像上加上词语提示，不然很容易漏掉。

不要把一个做成另一个：除像什么以外，做成什么也容易混乱和遗忘。比如，用纸做成船，你很容易只记得船，而忘了还有"纸"这个字，因为船的图像会完全覆盖掉"纸"字。所以做成什么也不要轻易使用，最好是避免使用，以减少漏词的可能性。

不要跳词：一般串联的时候是第一个联系第二个，前后相连，如果跳词，就会让记忆的顺序混乱。

连成一句话再出图：几个词在一起能连成一句话，先连成一句话，再出图像记忆，这样做速度又快，又能出现完成的图像。

接下来我们一起来记忆这9条建议，首先准备好我们的记忆图像。04是什么呢？谐音零食，所以联想的场景是零食店。

第一个地点是地上的玉米，后面是一个架子，里面放满了零食。架子

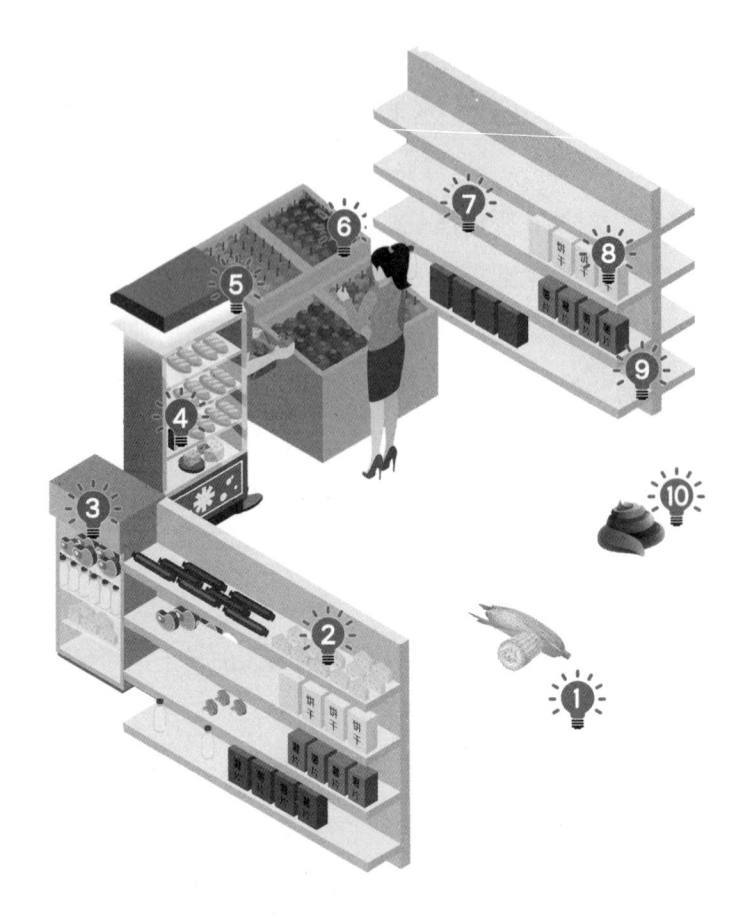

高效记忆
用记忆宫殿快速准确地记住一切

是第二个地点。第三个地点是冰箱柜子。第四个地点是后面的面包架，放着很多面包。第五个地点是面包架上面的吊顶灯箱，第六个地点是灯箱对面的展示商品架。架子后面是第七个地点，放物品的架子。第八个地点是放在右边架子上的包装饼干。第九个地点是架子下面的薯片。第十个地点是玩具模型"翔"（相信大家知道这是什么，在零食店真不该出现这"货"的。但如果直接选地板，很多人会觉得缺少刺激性，在想象的时候容易漏掉或记忆不牢，所以我给大家画上，希望大家明白我的"良苦用心"）。

下面就是大家一起动脑快速记忆的时间了。

先一后二：使用会意，想象玉米先吃一口，又马上要了两个。一口后

第六章
1小时学完世界记忆大师的方法

又要了两个,意为先一后二。

互动(在图像里):拆字谐音,"动"想到同音字"洞",可以想到架子里的东西,互相戳了个洞。

放大缩小:冰箱柜子里面东西太小了,所以我们需要用放大镜观看,看完拿走放大镜东西就变小,就这样联想到了放大缩小。

数量多:在前文,我们把数量转化成树亮,这里也可以转化成树亮,后面加上"多"字,想象树上挂了很多灯。联想记忆:面包架前面一棵树上挂着很多灯,一下亮起来。

真假(拟人、夸张等):谐音为"针夹",想到灯箱上面挂着一个针夹子。

不要像什么:观察这5个字中的"像"字可以联想到大象,"不要"和"什么"跟大象组合,可以联想成:不要把真大象放在展示架上,什么东西都会被压扁。

不要把一个做成另一个:想象架子上的板,不要做成网格式的,这样容易漏掉东西,网格容易漏掉比格子小的东西。所以,整句话就是:把板做成网格式容易漏掉。借这句话,把原意回忆出来。

不要跳词:地点上的饼干盒子放得很高,正好联想到拿的时候要跳一下才能拿到。但是这样很危险,所以联想到不要跳上去拿饼干,这样很危险。

连成一句话再出图:架子下面的位置是放薯片的地方,我们想象吃薯片要几片连成一块吃才尽兴,靠连成一块和连成一句的相似性,引发提示联想记忆。

零食店里面我们记忆了9个地点,请大家回忆记下的内容。

如果你发现自己还没有背熟悉,最好主动添加一些转化画面和联想,这也是训练自己的转化能力和联结能力的开始。最后确认自己背下来才算

高效记忆
用记忆宫殿快速准确地记住一切

过关，可以接着学习后面的内容。

小 贴 士
Tips

联结时，尽量不要使用"什么东西像什么"，如果一定要使用，要在图像上加上词语提示，不然很容易漏掉。

第八节
虚拟记忆宫殿：学校礼堂

在记忆的6种方法中，我们已经学习了4种：转化方法（谐音法、象形代替法）、串联方法、编码方法，接下来学习第5个方法地点桩法。

我们在前面的章节中已经体验过地点桩法，也学会了建立自己的地点桩子，也就是记忆宫殿。我们还创建了11个编码桩子，即从00至10。所以大家对桩子并不陌生。为了让大家学会更好地建立和管理桩子，我把找桩子地点容易出现的问题和注意要点列出来供大家参考。

这些总结内容是参考利玛窦的《西国记法》，并加入我个人的心得体会汇集而成的。《西国记法》是中国版"记忆宫殿"真正的源头，所以如果你感兴趣，可以扩展自己的阅读，找一本《西国记法》来读一下。

一共总结14条，分别是：宽敞、安静、整洁、光线充足、高雅、心情、不过度曝光、不修改、均匀（大小空间）、同一平面不超过5个点、少变、稳定、区分明确、线路明确。

我们先记忆再讲解。记忆宫殿方法的操作重点是先把要点记忆在一张图上，所以我们得先找图。这一次轮到05的图像了，05想到的是领舞，它发生在舞台上，在哪儿的舞台呢？学校礼堂。

第一个地点是跳舞者，准备上台的人物。第二个地点是舞者后面的卡通告示牌。然后是后面的已经到场的观众，这是第三个地点。第四个地点是礼堂的二楼栏杆。第五个地点是上舞台的台阶，也是舞台的左边角。第六个地点是舞台，可以取特征内容，如上面布置的小树。第七个地点是舞台上面的校徽。第八个地点是音响和灯光的调控室。第九个地点是右边椅

子。第十个地点回到右下角放在地上的气球。

老规矩，马上闭上眼睛，脑海里回想这些内容，想不起来的问自己，进行推理和回忆。实在想不起来跳过，全部完成之后，看原图补充，添加联想想象，加强画面感觉。然后再次检查，直到完全背下来。定位第五个地点，再做抽查，确定自己可以做到顺背、抽背、倒背，就算过关了。

完成之后，接下来我们面临一个挑战，10个地点需要记忆14个内容，该怎么处理？实际上这个问题只有两类解决方案：一个方法是再找4个地点或再找一张图增加4个地点，也就是增加地点的方法；另一个方法是看哪些信息内容比较接近或可以合并在一起，整理成为10个内容，正好对应上10个地点进行记忆，也就是合并知识点的方法。

观察上文总结的14条，大家有没有发现，宽敞、安静、整洁、光线充足这4个词是可以放在一起的，因为它们都是描述环境的词。后面的少变、稳定这两个词是对桩子的变化做描述的。这样压缩之后，就变成10个知识点了。如果你觉得4个放一起记忆困难，也可以调整，比如，将不

第六章
1小时学完世界记忆大师的方法

曝光、不修改整理成"两不";或将区分明确、线路明确总结成"两明确"。总之,按个人的理解可以自行设定。在这里以我前面的设计为主,合并前4个,少变及稳定合并。

宽敞、安静、整洁、光线充足:先想象地点,地点是礼堂的舞者。我们可以联想到,他需要一个宽敞、安静、整洁的舞台,光线还要充足。如果担心漏词,可以缩编词的首字,比如"宽安整光"。想象舞者站在宽宽的舞台上,安静地整理他的舞台光线。处理好之后,我们再回忆一下,看是不是背下来了。如果背下来就算过关,如果没背下来,需要在背错的地方再进行处理,比如,宽敞的"敞"字背漏了,你可以修改一下前面的想象,变成舞者站在一条宽长的凳子上,整理他的舞台灯光,这样"敞"就不会漏掉了。

高雅:可以谐音转化成高压,再加一个字变成"高压锅",图像就变得非常清晰。第二个地点是卡通人物,想象它抱着一个高压锅就可以了。

心情:会意转化成红心,第三个地点是观众,可以想象舞者的粉丝们拿着红心形状的灯牌,心情激动地喊着。

不曝光:第四个地点是二楼栏杆,想象穿裙子的女孩不能站在这里,因为容易走光,所以为了不曝光,不能站在这里。

不修改:第五个地点是舞台左角边的台阶,想象上台之后就不能修改台词了,心情很紧张。

均匀(大小空间):第六个地点是舞台中间,均匀可以谐音成君云,联想到,君踩着云朵飞到舞台中间。补充说明内容:大小空间。可以想成,云的大小正合适舞台这个空间。

同一平面不超过5个点:第七个地点是校徽,"同一平面"转化成"统一方便面","不超过5个点"转化成"不能超过5点"。联想:校徽上挂着统一方便面,校长生气地要求把方便面拿下来,最迟不能超过5点。

少变、稳定：第八个地点是调控室，这里面不能随便变化，一定要稳定，不然舞台就混乱了。

区分明确：区分转化成曲风，第九个地点是右边椅子，想象这里坐着观众，听着音乐的曲风感觉自己人生目标都明确了。

线路明确：线路转化成线和鹿，想象第十个地点气球上站着一只脖子绑着线的鹿。

请大家闭眼，在脑海里回忆每个地点的内容。如果想不起来，请向自己提问题，实在想不起来跳过，完成全部内容之后，回头查看记不起来的那部分内容，补充想象联想，再背一次。确保记住了，再开始抽查。完成记忆之后，算过关。

我们在找记忆宫殿的地点桩子时，对每个地点的要求，尽量按照上面的14条建议来设定。即宽敞、安静、整洁、光线充足、高雅、心情、不过度曝光、不修改、均匀（大小空间）、同一平面不超过5个点、少变、稳定、区分明确、线路明确。

前4个比较好理解，就是环境要舒适一些。接下来的高雅是怎么回事呢？其实这里涉及人的情感问题，在高雅舒适的地方我们记忆会更好，而在杂乱、肮脏的环境中，我们会产生负面情绪，记忆也会混乱。所以找出来的地点一定要干净整洁，让情绪平稳，不能太窄小而影响自己的记忆，要高雅舒适。

下一条要点是心情，意思是地点环境要让人心情良好。如果你觉得恶心，想到那个环境就想吐，还怎么进行想象记忆呢？

环境的光线是不是充足，会影响脑海里的想象的清晰度；太暗的画面将变得不清晰。太亮了呢？因为光线太强了，想象的时候可能"眼睛"是睁不开的。如果是现实生活中超强的光线照过来，我们是看不见东西

第六章
1小时学完世界记忆大师的方法

的，想象中的地点如果也有强烈的光线，记忆的时候画面就会不清晰，所以不能过度曝光。

有时候还有这样的情况，选好一个点，觉得不行就修改，第一次修改觉得不行来第二次，越改越不行，最后每一次回忆到这个地点，都受前后修改的信息干扰，记忆速度和准确性受到影响。因此，尽量在第一次找地点的时候就定下来，不到不得已不要修改。不得已的标准是：地点实在不能进行想象联结，记了东西老是忘掉，记忆不清晰，没有良好的顺序性，这才非改不可。

地点的前后关系、整体布局也是非常重要的。如空间内部物品过于集中，有些地方非常拥挤，其他地方又显得过于空旷；前者在联想想象时装不下内容，而后者相反，想象的时候内容偏小了，显得空荡荡的。两种情况都会导致记忆的时候效果不佳。所以选择内容时，不要忽大忽小。在布局上也要注意，空间上同一平面的内容，太多的话可以省掉一些，太少的话设法补充。

我们约定：一个平面尽量不要超过5个内容。

有时候我们找的地点会从近到远，而且视线上会重叠，这时就必须让前后关系拐弯了。另外，两个地点之间的距离不要太远。因为太远会让你难以从上一个位置想到下一个位置。这种"困难"的感觉同样会影响你的记忆，所以两个地点之间的距离尽量不要超过5~10米，眼睛看得清楚的区域最好。严格来讲，走两步能到达的距离更好，因为联想的时候可以发生动作联结，有利于记忆。

对于记忆区域，里面的内容也不能随便改变，特别是现实生活的地点桩子。如果一个房间经常换床或是桌子的位置，那么变换后的地点也在脑内产生了印象，如果你不强加练习，就会干扰到前面已经记住的地点。变化后的地点和你回忆中的地点会打架，影响你记忆的效果，甚至会互相影响,让记忆信息错位。所以,建议大家在找实体桩子的时候,找一些少变的地点。

有一些地点是不稳的,放不了联结内容,如球状的地点。你想象一个苹果放在圆圆的球上面,你的经验会告诉你这个苹果放不稳,会掉下来。又如墙上的灯管,挂得太高,记忆联结时,会让人产生一种错觉,担心它会掉下来。如果位置是灯管,需要联想记忆"书本"这个形象,书本放到灯管上?感觉有一点别扭,这种感觉就会影响到记忆效果。所以这样的地点不好。如果一定要用,怎么办?加中介。比如,用胶带把书本贴在灯管上,这时感觉是不是好多了呢?

如果找地点时可以避开这类不稳定、不舒服的地点,我们就尽量避开,避免不了就想办法修改它,使记忆时可以稳定。这就是关键词"稳定"代表的意思。

相信大家比较容易理解前后区分明确这一要点,比方说沙发上有三个枕头,你连续取了三个枕头作为记忆点,回忆的时候肯定要混乱。就像双胞胎长得一模一样,可能连他妈妈都认不出来谁是谁。要想办法把同样的地点或物品用特征点区分开来。当然,如果可以选择,一开始就不应该选一样的物品,不得已的时候,一定要区分明确。

最后,我们找地点一定要有顺序。地点之间按顺序会形成一条线,这条线就像地图上的经纬线一样,可以帮你定位,帮你区分,增加你回想时的流畅性。

如果你按照这14条建议去找桩子,并不是说找出来的一定是精品,只是会让你找的桩子更好用一些。所以这14条只能是参考,并不是死教条,希望大家理解。很多建议只是经验的积累,并不是非要如此,灵活应用才是王道,我们的目的是方便联想记忆。

关于桩子还有这样的问题:找出来的桩子可不可以重复利用?如果我

已经用某个桩子背了东西，再往上面记忆东西，会不会产生混淆呢？怎么管理重复使用的桩子会比较好？

第一个问题，桩子是可以重复利用的。但有前提，那就是背诵的信息已经脱口而出，不再需要借地点联想也能背诵出来时，才可以重复用。另一个情况就是这些信息不需要了，可以覆盖的时候。

第二个问题，如果已经用某个桩子背过东西，再往桩子上记忆东西，一定会产生干扰和混淆。所以如果某个桩子上有物品，短时间内就不要再用它背东西了。"短时间"是多长时间呢？一般两天内不要复习，不再用它记忆，第三天就可以再次使用这一套桩子。举例说明，如果你用地点桩子记忆了一组数字，今天记完，使用过地点之后，第二天不要复习地点的内容，也不要再回忆地点。直到第三天，用它再来背新的数字，一般这样就不会混淆。有些时候，为了训练数字记忆，也有可能第一天记忆过，第二天就再使用同一套地点记忆内容。其实也不是不可以这样操作，只是有可能会有前后信息干扰，最好是第三天以后再用。这一点也没有绝对，具体操作因人而异。

第三个问题，怎么管理重复使用的地点桩子呢？不需要长期记住的内容，用临时地点桩子记忆。记忆的内容使用过之后，不再需要它们时就不要复习，等遗忘后，桩子可以重复使用。这种地点桩子叫作临时地点桩，也可以叫草稿地点桩或内存地点桩。若是遇到需要长期记住的内容，建议不要重复使用地点桩子，就算是要重复使用地点桩子，也一定要等记的内容达到脱口而出的程度之后。这种地点桩子叫作长期地点桩，也可以叫档案地点桩或存储地点桩。

一般来说，临时地点桩有500到1000个就足够应付生活的方方面面了，长期地点桩则需要2000到10000个，才能应付学习和背书等任务。

高效记忆
用记忆宫殿快速准确地记住一切

小 贴 士
Tips

不需要长期记住的内容，可以用临时地点桩子记忆，有 500 到 1000 个临时地点桩就足够应付生活中的记忆了。

第九节
虚拟记忆宫殿：4S 店

最后一个环节，我们要学习记忆策略。记忆策略一般包括数字记忆策略、词语记忆策略、句子记忆策略、单词记忆策略、文科记忆策略、理科记忆策略、考试记忆策略和一本书记忆策略。

在这里，策略就是使用记忆宫殿解决记忆问题的具体方法，比如，怎么用方法记数字、词语等。

我们先记住有哪些策略，之后再一一学习它们。

还是老样子，要记住这些策略的名称，我们需要找一张图，并且记下这张图。前面已经用了05号图，接下来找第06号了。06编码是领路。那用什么领路呢？没错，导航仪。在哪里装导航仪？汽车4S店。所以地点是4S店。

第一个地点是4S店门口地上掉的一个导航仪，第二个地点是入口的路牙，第三个地点是广告牌，第四个地点是4S店大门口的两个人，第五个地点是墙边的花圃，第六个地点是楼上平台，第七个地点是侧门，第八个地点是停车场，第九个地点是草坪上的灯柱，第十个地点是灯柱前的行人。

老规矩，闭眼回忆，记不起来的先跳过。实在想不起来的，重新查看内容补充记忆，再次回想，确认记忆之后，再抽查位置记忆，确认之后，过关。

接下来用前8个地点对应记忆8个记忆策略。

数字记忆策略：导航仪上显示了很多数字要记忆。

词语记忆策略："词语"转化成"吃鱼"，想象一个人在路牙边上蹲着吃鱼。

句子记忆策略："句子"转化成"锯子"，想象有人爬到广告牌上拿锯子锯广告牌。

单词记忆策略：4S店大门口两个人在背单词。

文科记忆策略：花圃里面有很多蚊子正停在一棵树上。

理科记忆策略：楼顶站着一个理科生正在研究楼的高度。

考试记忆策略：侧门贴着考试的试卷。

一本书记忆策略：停车场上的每一辆车车顶上都放着一本书。

闭眼回忆，实在想不起来的内容请补充记忆，之后再回忆确认，最后抽查练习，确认正确记忆之后，过关。

恭喜你！已经学完记忆方法的全部基础内容了，接下来是检验你学习成果的时候。下面我会列出图像，你需要看着图像，把图像上记忆的内容回忆出来，并写在图像边上的空白处。

注意：图中的地点桩可能没有用完，在这种情况中，请只写出用到的地点桩。

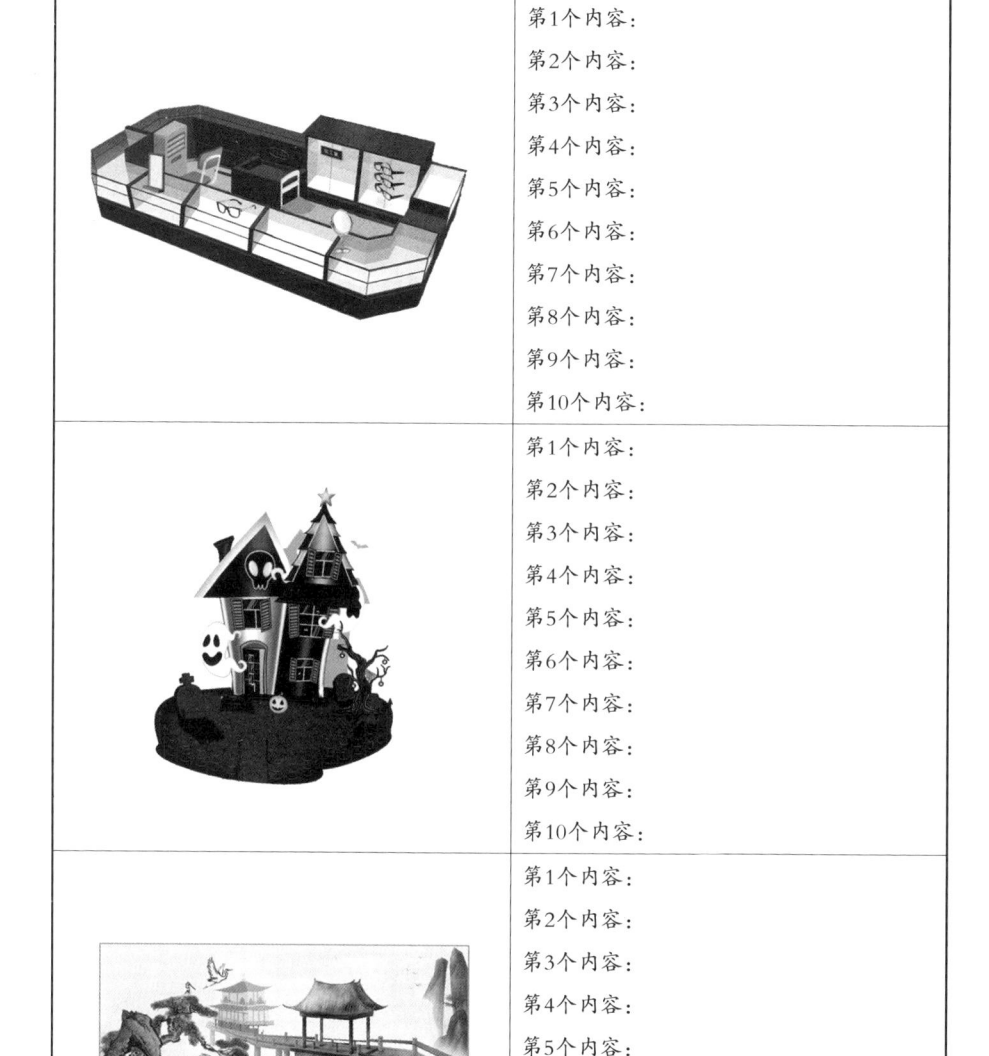

第六章
1小时学完世界记忆大师的方法

	第1个内容： 第2个内容： 第3个内容： 第4个内容： 第5个内容： 第6个内容： 第7个内容： 第8个内容： 第9个内容： 第10个内容：
	第1个内容： 第2个内容： 第3个内容： 第4个内容： 第5个内容： 第6个内容： 第7个内容： 第8个内容： 第9个内容： 第10个内容：
	第1个内容： 第2个内容： 第3个内容： 第4个内容： 第5个内容： 第6个内容： 第7个内容： 第8个内容： 第9个内容： 第10个内容：

高效记忆
用记忆宫殿快速准确地记住一切

续表

	第1个内容： 第2个内容： 第3个内容： 第4个内容： 第5个内容： 第6个内容： 第7个内容： 第8个内容： 第9个内容： 第10个内容：
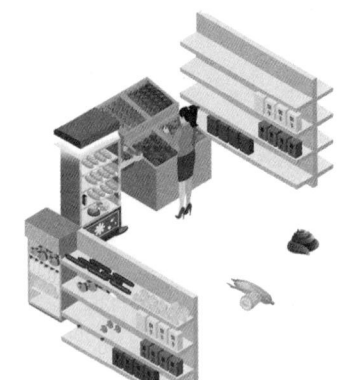	第1个内容： 第2个内容： 第3个内容： 第4个内容： 第5个内容： 第6个内容： 第7个内容： 第8个内容： 第9个内容： 第10个内容：
	第1个内容： 第2个内容： 第3个内容： 第4个内容： 第5个内容： 第6个内容： 第7个内容： 第8个内容： 第9个内容： 第10个内容：

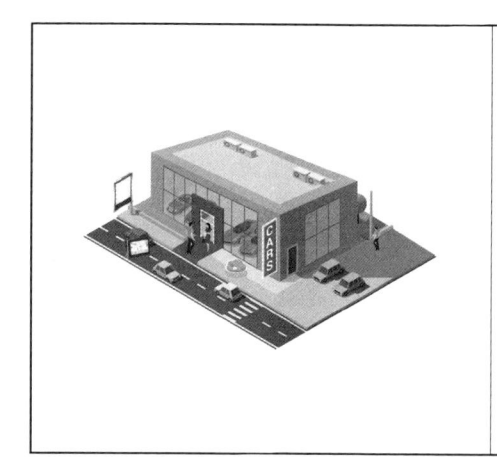

续表

(图：汽车店 CARS)	第1个内容： 第2个内容： 第3个内容： 第4个内容： 第5个内容： 第6个内容： 第7个内容： 第8个内容： 第9个内容： 第10个内容：

如果上面的7张图所记忆的内容你都可以快速背出来，而且达到顺背、随机抽背的效果，那么说明你已经掌握了记忆宫殿方法的基础知识，同时你也建立了一套学习系统。

有一点记忆基础或记忆力比较好的同学，目标应该是1小时内把7张图的内容记忆完；稍微差一点的，一般也应在2~3小时内完成。

这也符合了我前面说的1~2小时把记忆宫殿全部内容学会并背诵出来。

下面检测一下你记忆的成果，请回忆我们背诵的第一张图的第七个地点：桌上转动的花绑着一条链子牵引到另一头绑在木头桩子上，木头上面有一个锅用来蒸梨。这是记忆宫殿图像记忆的4个步骤：转化、定桩、联结、整理。它们是一个完整的记忆系统，你回忆正确了吗？

还有，学习需要经历4个阶段，这是第一张图的第八个地点记忆的内容，地点记忆的图像是：鸡练哑铃、提西瓜桶和撕裂手册。正确提取出来内容是：基础、训练、系统、策略。

这4个阶段中，我们已经经历了学习基础知识阶段、打造记忆宫殿系统阶段，并背诵了知识体系。4个阶段已经完成两个，剩下的两个是训练和策略，这两个部分将在后面的两章讲解。

我会先讲解关于策略的知识，即怎么应用记忆方法，然后帮大家制订训练计划，以便大家学习之后，能把知识变成能力。

记忆培训界里流传一句话：因为你没用，所以方法没有用。第一个没用的意思是没有使用记忆法，第二个没用的意思是记忆方法没有用。我认为这话不完全正确，没用的原因并不是因为自己不想用，而是真的不知道什么时候去使用、该怎么用。很多人套用方法，记忆简单的内容也要使劲编故事，过程非常辛苦，最终放弃使用记忆法。有一些人记忆单词，每个单词一个故事，几千个单词，几千个故事，记忆量太大，最后放弃使用记忆法。

关键问题在于：不知道什么时候使用记忆方法，也不知道记哪些内容用什么方法。只有知道因地制宜、灵活应用，记忆法才算是有用。比如，你会开车，但爬山就不能开车，走楼梯就用不上汽车。所以，什么时候用、怎么使用，也是学会记忆宫殿方法的重要指标。没有这一点，你的记忆成本会增加很多，这就导致"你没用"，因此学习记忆策略显得非常重要。

小贴士 Tips　知道什么时候用、怎么使用是衡量是否学会记忆宫殿方法的重要指标，一味套用方法，记忆成本会增加很多，最终导致放弃使用记忆法。

第十节
4个训练步骤

学完基础方法和体系,我们讨论一下关于训练记忆的最基本的步骤,也就是我们一开始背诵的训练步骤。

请回忆4个训练步骤,并写下它们。

下面给大家解释每个动作的意义。

读图:就是训练看到数字马上想象出图片的能力。

很多人嘴里念着一个数字的谐音,借这个谐音想到词语,从词语想到图像,这是错误的!

真正的读图是要看到数字,同时出现图像。问题是在不熟悉之时,想出图像就必须靠中间步骤——读出词语的发声环节,所以我们可以做条件反射练习,直到看到数字就自动呈现图像,而不需要发声。另外还有一个训练,就是听到数字的同时反应出图像,也是不需要中间过程,听到数字脑中直接呈现图像。

训练的目的是要达到看到或听到数字,零点几秒内直接有图像在脑海里呈现出来。当然一开始不可能马上达到这个水平,能力是需要慢慢训练、积累的,只要大家向着这个方向前进就可以了。

过桩:复习你已经记住的桩子。对你建立的记忆宫殿的桩子进行复习,每一个地点都准确地回忆出来,每一次都要求清晰、准确、快速,尽量有身临其境的感觉。

丢桩:把图放到地点桩子上就可以,不产生联想结合动作。比如,数字训练的时候,看到数字马上把对应的图像存放到地点桩子上,动作要快，就像丢上去一样，不需要记忆，也不需要联结。

联结：是对图像和地点进行联想结合。前面学习过联结的方法——用夸张、离奇等联结手段，把图像和地点整合在一起。也就是对地点与记忆的内容进行想象联想加工。完成加工处理之后，我们想到地点就想起要记忆的内容了。

这4个步骤涵盖了记忆宫殿方法的所有操作动作。可以说，掌握这4个步骤，就将掌握记忆宫殿方法。数字又是最基本的表演和比赛项目，所以用这4个步骤进行数字记忆训练就成为所有学记忆宫殿的人成为"记忆大师"的必经之路。

小贴士 Tips

真正的读图是要看到数字，同时出现图像，所以我们可以做条件反射练习，直到看到数字就自动呈现图像，而不需要发声。

第十一节
压缩记忆法

记忆的时候如果不挑重点，所有的东西都往地点桩子上放，就算你的桩子无限多，记忆之后的复习环节也够把你累垮掉。所以我们需要掌握一套压缩记忆内容的方法。

压缩的第一步就是提取关键字或词，它是帮助我们清晰框架结构的好帮手。同时，它帮助我们压缩了大量的信息，使我们只需要记忆重点内容就可以了。很多文字内容都不需要一字不漏地背诵，而是需要我们理解信息的意义。一句话的主干就足够清楚地让你明白它想表达什么意思，文章的中心思想就够表达其大意了。

我们需要学会压缩信息，再进行记忆，这样才能保证只记有用的、理解的，而不是记忆一堆没用的文字组合。

下面拿"会计的定义"这段文字举例子说明。

会计的定义：会计是以货币为主要计量单位，反映和监督一个单位经济活动的一种经济管理工作。

面对这样的内容，要先简化，也就是压缩信息。压缩的第一步就是提问，先问是什么。这里说的会计是什么呢？提出核心便是：会计是一种经济管理工作。

接着再问，经济是什么？是以钱为中心的一系列活动。

怎么计量的？用货币。所以是以货币计量的，说白了就是跟货币有关的工作。

管谁的？管单位的。怎么管？反映和监督。

当我们思考到这里，会发现关键就是计量、单位和工作。

计量什么？货币。

单位怎么管？反映和监督。

总结：经济管理工作。

当脑子里有这样的思路之后，写下这三组关键字：计量、单位、工作。

学习过程中经常会遇到这样的问题，看完一句话记不住，也不明白重点是什么，就是因为没有看到关键点。你在思考的时候，就像站在独木桥上，没有地方可以扶，自然很容易摔下去。如果你走到有栏杆的桥上，会很轻松地走过去。

只要有关键点，你会发现思路活跃了，记忆效率也高了。

接下来我们再试着回忆这一段话：会计的定义是什么？以什么计量？怎么管？管什么？

然后我们试着回答：会计是以货币为计量单位，反映和监督单位经济活动的经济管理工作。

现在回头再读会计的定义。

会计的定义：会计是以货币为主要计量单位，反映和监督一个单位经济活动的一种经济管理工作。

是不是发现筋是筋、骨是骨，词语组合的结构框架一清二楚呢？如果有这种感觉，说明你已经理解了压缩信息的重要性。

所以，最后只需记6个字：计量、单位、工作。围绕这3个词，你不断提问，就可以追索出全部内容。

我们再以会计的作用来举例，让大家更熟悉压缩方法。

会计的作用（3个方面）：

（1）提供决策有用信息，提高企业透明度，规范企业行为。

（2）加强经营管理，提高经济效益，促进企业可持续发展。

（3）考核企业管理层经济责任的履行情况。

这里会计作用有3个方面，这是很明确的层次关系。接下来，找3个关键点，让自己思考的时候可以"扶住"挂上钩的"钩点"。

我们观察第一句话：这里有3个逗号，信息间是并列关系。我们发现3个要点，第一提供，第二提高，第三规范。

接下来找逻辑：提供什么？提高什么？规范谁？

回答是：信息，透明度，企业。

现在清晰了，但是问题也来了，并列的内容怎么形成整体呢？

这时串联和编口诀将起到非常好的作用，比如，第一句话中的3个逗号内信息提取首字信息为"提、提、规"，简略为：提规。谐音之后就变成提龟，意为提着一只乌龟。提代表两个信息，提供、提高；规代表规范行为。

但是依然有问题：如果我想不起两个提怎么办？

可以换成：供高规，再通过谐音串联在一起。供谐音成工，联想成工人，高谐音搞，规谐音鬼，组合起来就是工搞鬼，意为工人搞鬼。

第一条的记忆就完成了，我们只要记转化的图像就可以回忆内容。

从第二句话中同样找到3个要点，第一加强，第二提高，第三促进。细心的读者肯定发现了，第一条有提高，第二条也有提高。怎么避免混淆呢？

一般遇到这种情况，我们要避免提取相同元素。怎么避免？取不同词就可以了。但有一些时候又不得不提一样的词，那该怎么处理？这种情况一般不会出现，如果出现了，干脆把内容也准备上。比如，第二句话的第二个点"提高经济效益"，可以把"高"字省略，而取"效益"，这就变成"提效益"。这样做不仅使它与前面的内容不一样，也方便回想内容。

还有一种方法，就是其中一部分提取首字词，另一部分提取重要词语。

比如，第一句话的重要词语信息是：信息、透明度、企业。再缩略成信透企，谐音成心透旗，可以想成：心形的透明旗。

这样处理完，记忆第二句话就不需要"烦恼"了，直接提首字就可以。

不管怎么处理，只要达到区分和帮助记忆的效果即可。最终我们都需要进行复习，不然不管记忆方法多么高效也会慢慢地忘记。所以关键并不是处理得多么完美，只要有提示能帮助记忆下来就可以了，之后更多的是练习和复习。

在第二句话中，如果是提取重要词语而不是提首字词的话，也可以变成：经营，效益，发展。

接着，这三个词还需要再进行一次压缩。怎么做呢？可以用组合法，对字进行组合：经效发，经效展，经益发，经益展，营效发，营效展。

怎么选择？它们看起来都不错。

请记住这么一个记忆规则：怎么好记怎么来！只要你觉得好记的就提出来使用。哪一条更容易促进你的记忆，便取哪一条组合。

我的第一感觉："经效展"是最容易联想的三个词组合，所以我选这一组，并将经效展谐音变成金校长。

初学者遇到的另一个问题就是很难将提取的内容转化想象成图像和好记的联想。解决这一问题的方法就是经常练习，习惯之后就容易发散和串起来联想。回想第一句话的记忆图像是：工人搞鬼。第二句话的是：金校长。两条信息加在一起，自然让人想到，工人搞鬼被金校长发现。这个逻辑说得通，很自然。

第三句话提取之后是：责任，履行。

组合：责履。

谐音：这驴。

到谐音这一步，信息已经转化成图像，将它与之前的记忆图像组合就变成：工人搞鬼被金校长发现，被批评："你这驴！"

完成了记忆图就万事大吉吗？以后再也不会忘记吗？原文内容能正确回忆吗？

首先，完成记忆图后还需要练习和复习，不然还是会忘记。能不能正确回忆原文内容，重点还是关键字，即能不能把记忆图像中的关键字词找出来。如工人搞鬼，原文的词是：提供，提高，规范。接着回想逻辑，如果不能顺利回想，就必须多想几次逻辑点。如果逻辑点记住，还是回推不出来，那就需要重新提取关键字词。

关键字词回推出来之后，怎么用逻辑回推内容呢？以上面记忆的内容做演示，关键词是：提供，提高，规范。问自己：提供什么内容？提供信息。提高什么？提高透明度。规范什么？规范企业行为。

回推完之后，可以尝试背出记忆内容，还是使用逻辑推理和提问的方法。接着上面的例子：提供信息可以用来干吗？作决策。所以是提供决策的信息。最后把内容组合成句子：提供决策时有用的信息。提高透明度，透明度是指谁的透明度？企业的。很明显，内容加在一起就是：提高企业透明度。最后，"规范企业行为"本身信息就已经完整，不需要处理。

通过上面的思路便完整地把第一句话的内容恢复原貌，这便是完整的回忆过程。

对回忆的过程进行整理，观察有哪些步骤、哪些操作。第一步看记忆图像，把图像代表的内容提取出来，第二步回推关键字词，第三步恢复原文。

一开始，我们每一次回忆时都要走这三步，但随着我们对记忆内容更熟悉，便可以跳过其中的一些步骤，这也就是优化回忆过程。

怎么实现优化呢？其实很简单，每一次我们都会问自己同样的问题或是用逻辑回忆，次数多了，熟悉之后，不需要逻辑或提问就会直接想到内容。如果不提问或不想逻辑，也能直接背出，就不要再重复这些步骤。慢慢地就能脱离这些步骤，直接背出。

其实，第一步几乎不用怎么练习，只要看到图一般都可以提取内容。第二步回推关键字词是比较难的，因为有时候想不起来逻辑，也问不出自己什么内容，所以第二步需要多做几次。在第二步提供的信息基础上，回想原文是比较容易的，所以第三步重复次数也是比较少的。因此，我们应该把重点放在第二步上。

按这个规律，我们规定复习时，只要能从图像提出记忆的关键词就算完成了。重点放在回想关键字词上，也就是借记忆的词推理关键内容和意思。再用关键内容作为基础，回想全文。所以记忆第二条规则：复习时只要看图回忆词就可以，先不背出全文，以记忆的词提问和推理出关键字词，有了记忆词和关键字词依托，再背全文。

小贴士 Tips

优化后效果比不优化好。每一次都问自己同样的问题或是用逻辑回忆，次数多了，熟悉之后，做到不需要逻辑或提问也能直接想到内容。

第十二节
画图记忆法

学会压缩信息的方法之后，你会发现很多知识可能只需要把压缩之后的内容整理合并起来，合在一起想象成一个故事，就可以背下来，不需要使用地点桩子进行记忆。

没错，所以我们发展出另一种方法，叫画图记忆法。其实，这个方法是地点桩法的变形。下面我拿人教版五年级下册语文书中的《白杨》的其中一段作示范。

爸爸的微笑消失了，脸色变得严肃起来。他想了一会儿，对儿子和小女儿说："白杨树从来就这么直。哪儿需要它，它就在哪儿很快地生根发芽，长出粗壮的枝干。不管遇到风沙还是雨雪，不管遇到干旱还是洪水，它总是那么直，那么坚强，不软弱，也不动摇。"

熟读上段文字后压缩信息。这段内容中有爸爸对儿子和小女儿说的话，所以我们提取了三个人物为画图的基本元素。接着是说话的内容：白杨树、发芽、枝干、风沙、雨雪、洪水。组合这些元素，我们可以想象到这样的画面，一个父亲对着儿子和女儿说话，指着边上的内容，一棵白杨树，边上有刚冒出来的小芽，还有枝干插在地上。加上小沙堆，天上掉落的雨雪，边上有条河发着洪水。

想象爸爸从微笑变得严肃，然后手指着边上的画面，想了一会儿对儿子和小女儿说话。于是我们想起这句话：爸爸的微笑消失了，脸色变得严肃起来。他想了一会儿，对儿子和小女儿说。

看到一棵树，想到：白杨树从来就这么直。

看到树边有小树芽，想到：哪儿需要它，它就在哪儿很快地生根发芽。

看到边上长出来的树枝，想到：长出粗壮的枝干。

从天上的云，想到风吹云，而从落下的雪花想到雨雪，从而联想到：不管遇到风沙还是雨雪。

小河和里面翻腾的水代表了：不管遇到干旱还是洪水。

河前面的竖线代表直、坚强：它总是那么直，那么坚强。

最后的小S，柔软弱小和摇动，从而联想相反意思是：不软弱，也不动摇。

看着图像尝试背诵，你会发现，很容易就能复述出图中的内容。这是因为图像是由原文组合产生的，非常容易通过图像联想到原文。

通过上面的例子，我相信大家一定看出一点门道来了。图像回忆的方法，其实就是根据原文的内容自己再造一个影像画面，这个画面起到提示记忆作用。记忆宫殿的地点桩子是把影像画面联结到已经造好的地点上，所以不需要再造出画面。相比于记忆宫殿，图像回忆方法的好处在于不需要事先准备地点桩子，事后复习也比较容易，内容和原文几乎一致；缺点是创造过程需要花不少时间，而且不是所有的人都会画简笔画，有一些人能想象出来，却画不出来。

画图记忆法还是比较适合年龄小的小朋友。把学到的知识用画画的艺术形象表现出来，一方面可以提高记忆力，另一方面可以提高想象力和创造能力。成人如果有时间，可以在学习简笔画之后，将自己的想法快速构图出来，方便记忆，还能促进创作灵感，也不失为一种好方法。

小贴士 Tips 图像回忆的方法，其实就是根据原文的内容自己再造一个影像画面，这个画面起到提示记忆作用。好处在于不需要事先准备地点桩子，缺点是创造过程需要花不少时间。

第十三节
综合应用和灵活应用

我的学生经常问我："为什么一些资料到老师手里就变得很容易记忆，处理起来也变得那么自由，而我使用的时候就很困难？"大部分是由于练习不够。但在较少数的情况中，一些学生已经大量练习过，但使用起记忆法还是欠点火候。这是为什么呢？

我相信很多人玩过七巧板。小时候，我能从将它盒子里拿出来玩，但要放回去就特别困难。尝试了不知道多少次，偶然成功摆回盒子里，下一次又做不到了。而有些人真的很聪明，玩两次就知道规律，很快就能正确摆放回盒子里，且玩的时候还能摆出很多不同的形状。如果没有搞明白规律，玩再多次，还是很难完成，一直需要靠"碰运气"才能正确摆放。这其中的原因是什么呢？

诚然，不同人的空间想象能力和逻辑推理能力是有差异的。但是，既然能够偶尔"碰运气"得到正确答案，那么就可以总结成功的经验，并去思考正确推演的逻辑。前者是天赋，后者则是认知和意识上的差异。回到学习记忆法上，不同的人天生的记忆力、想象力有差异，但是在不断的练习中，如果能够总结成功的经验，认知能力就能在大量练习中得到提高。如果在练习中只是机械重复，而没有去总结得失，那么练习的效率就会极低，认知能力自然难以提高。

学习记忆法的目标是快速记忆知识，记忆的本质是用熟悉的联系陌生的，也就是使用一些熟悉的地点或熟悉的画面，借逻辑推导由已知推出不知道的或忘记的。那么我们处理信息的时候也要养成这样的习惯，习惯去发现信息的内在结构。把结构找出来，然后灵活运用各种不同的方法进行处理。为什么很多记忆大师不告诉你这一点呢？因为灵活应用靠的是一个人的悟性，而不是教出来的。说白了，这是没办法手把手教的，需要用启发式的教学，这一步很难做，所以在综合应用面前很多记忆大师没法告诉你。

有一个学员明白这个道理之后，一直问我怎么才能提高悟性。这个问题我想了很久，虽然没有正确的答案，但也有一些心得，下面就分享给大家，希望能给你带来一点启发。

首先，你需要对事物有好奇心、有兴趣，这是悟性的"标配"。如果你都觉得无所谓，也不认真学习或吸取经验，效果一定会打折扣。这一点我自己体会最深。刚跟老师学习记忆法的时候，我如饥似渴，只要是这方面的书都如获珍宝，认真阅读。因为这样的心态，加上行动，我几乎每天都与新知识碰撞，也就每天都有新收获、新感悟。现在看记忆法的书都是带审视的角度，所以我收获的就越来越少。

另外，还需要不断做总结和整理思维，要结构化地思考，最好多使用思维导图分析，养成先整体后局部、先理解重点再步步细化的习惯，而不是一上来就想吃成一个胖子。胡子眉毛一把抓，最后你可能什么都学不好，连最基本的整体分成几个部分，每个部分分别讲什么都不知道。就像到一个地方旅游，连分几个区、哪里有什么名胜古迹都不知道。那就真的是"只缘身在此山中"，连庐山真面目都不知道。

还有一个重点：必须认真、认真，再认真，付出百分之百的努力，才能有百分之百的收获。比如，我练习数字编码的时候，那一段时间犹如"疯子"，看到任何数字都一定要对应编码进行练习。等待红绿灯转换时，我甚至会看着跳动的时间来做数字编码的转换练习，如果反应速度跟不上，有时候不赶时间，还罚自己多等两个红绿灯，反复练习，直到满意后再过马路。总之，要认真，在时间上见缝插针，不断锻炼自己的能力，熟悉了才能灵活应用。

最后，在记忆方法上面，我觉得最重要的"灵活"是不断地尝试组合多种方法，找出最有利于自己记忆的方式，同时对比这些方式，总结特点，找出优化方案。当然，现在的你也不需要这么累了，下一章开始，我会把一些我总结的经验、应用的方方面面的技巧精髓列举出来，你可以参考，从而省下很多尝试的时间，把方法应用得更好。

小 贴 士
Tips

我们处理信息的时候要习惯去发现信息的内在结构，把结构找出来，然后灵活运用各种不同的方法进行处理。灵活应用，主要靠一个人的悟性，而不是教出来的。

第七章
快速记忆实践广场

通过前六章的内容，我们已经学会了所有的记忆方法，从这一章开始，我将给大家讲解策略和应用，帮助大家从实战应用的角度去理解记忆法怎么用！

第七章
快速记忆实践广场

第一节
10分钟记忆100条语文常识

大家看到这个标题一定吓了一跳，10分钟也就600秒，记下100条语文常识，说明6秒就要背一条。这几乎就是过目成诵了，可能吗？先不解释，让大家体验一把，大家便知道有没有可能了。

想要使用记忆宫殿方法，首先要怎么样？没错，建立图片位置。前文我说过可以用画图的方法创造出图像。但是，如果每一次记忆都是画图记忆，创造记忆图片，那真的太费时了。效率高但是费劲，而且，有一些图像想象只适合一部分人，做好了也不是通用的。所以，最快、最省事的方法还是使用地点记忆。

那我们先找一张记忆宫殿图来背吧！这一次找哪一张呢？就按顺序轮下来，这一次轮到07了。编码07谐音转化成令旗。令旗让我们想到古代军营，所以想到的场景是军营。

下面让我们看图。

老规矩，先训练地点桩子，熟悉它们，再往上面记忆东西。

请大家对照下图所标出来的位置，一一对应，识别图中内容形象。对于地点的命名，每个人或许有所差异，但只要是同一样东西就可以了，名字并不重要。

第一个地点是挂牌，第二个地点是楼梯，第三个地点是遮阳布，第四个地点是楼台，第五个地点是松树，第六个地方是挂旗，第七个地点是哨塔，第八个地点是令旗，第九个地点是屋顶，第十个地点是门口。

识别好内容之后，请尝试回忆内容，发现遗忘的，先提问和尽量回

想，想不起的内容先跳过。等10个地点全部回忆完成，再看图补充。然后第二次回忆，直到正确回忆，再开始抽背。

请大家慢慢养成记忆地点图像的习惯。等熟悉之后，一般10个地点一次便可以完全正确地回忆并做到抽背。

准备工作完成，接下来，我们看看要背记的内容是什么。

1.为什么雷雨过后空气会变得格外新鲜呢？部分氧气在电离作用下变成了臭氧。

2.三大金字塔中最大的是：胡夫金字塔。

3.文艺复兴时期的《忏悔录》是谁写的？卢梭。

4.以下哪个国家设立了鸟蛋博物馆？德国。

5.海水中主要的盐类物质：氯化钠（78%），氯化镁。

6.我们可以看到的月亮最多占月亮表面积的多少？59%。

7.生物发展的中间时期叫：中生代。

8.古诗云："洞庭天下水，岳阳天下楼。"岳阳楼在哪座湖边？洞庭湖。

9.《西游记》中的火焰山在哪里？ 新疆。

10.除了太阳，宇宙中哪一颗恒星离我们最近？ 比邻星。

只要仔细观察就能发现，这类信息的特点是只要能记住关键知识点就可以，并不需要完全背下来。比如第1条，我们只要记住：雷雨之后空气新鲜是因为氧气变臭氧。不需要一字不漏地背。当我们看到"氧气变臭氧"，就可以马上想起来是怎么回事了，这样记忆起来特别快。

接下来我们需要把上面10条压缩。请在压缩信息后面，用自己的话说出压缩信息代表的内容。我先给大家做个示范。

第1条：氧气变臭氧。雷雨之后空气新鲜是因为氧气变臭氧。

第2条：大胡夫。大代表最大的金字塔，胡夫是金字塔的名称。

第3条：《忏悔录》卢梭。《忏悔录》是卢梭写的。

第4条：鸟蛋、德国。德国设立鸟蛋博物馆。

第5条：氯化钠（78%）、氯化镁。海水里主要盐类物质是氯化钠和氯化镁。

第6条：月亮、59%。我们能看到的月亮的表面积最多只有59%。

第7条：生物、中生代。生物发展中间期叫中生代。

第8条：岳阳楼、洞庭湖。岳阳楼在洞庭湖边上。

第9条：火焰山、新疆。《西游记》中的火焰山在新疆。

第10条：除太阳、比邻星。除太阳外，比邻星是离我们最近的恒星。

下面请大家亲自尝试，用自己的话对压缩的信息进行内容回忆。如果想不起来，请查看原题。

第1条：氧气变臭氧。_____

第2条：大胡夫。_____

第3条：《忏悔录》卢梭。_____

第4条：鸟蛋、德国。_____

第5条：氯化钠（78%）、氯化镁。_____

第6条：月亮、59%。_____

第7条：生物、中生代。_____

第8条：岳阳楼、洞庭湖。_____

第9条：火焰山、新疆。_____

第10条：除太阳、比邻星。_____

以上练习必须完全过关，如果压缩信息不能帮你回忆，请你对压缩信息进行补充，或是增加联想想象，以达到完全可以用自己的话复述的程度。

如果你已经完全练习过关了，便可以进行下一步学习。

在我的学员中，最快的串联速度可以达到7秒记忆10个词，而上面的信息每条不超过3个词，所以每一条记忆时间不超过5秒。连续记忆10分钟，是可以记忆100条常识题的，而且也真有人达到这样的成绩，希望大家朝这个方向努力。

接下来就以上述10条压缩信息为例，讲解记忆过程，请大家拿出秒表准备计时，然后跟我一起开始记忆。

开始计时。

氧气变臭氧。地点：挂牌。联想：挂牌前拴着一头羊，气得变成了臭羊。

大胡夫。地点：楼梯。联想：有一个大胡子大夫，走上楼梯。

《忏悔录》、卢梭。地点：遮阳布。联想：卢梭站在遮阳布下忏悔。

鸟蛋、德国。地点：楼台。联想：楼台上站着一个德国人，抱着个鸟蛋在研究。

氯化钠（78%）、氯化镁。地点：松树。联想：海水泡到松树，看上去这些松树绿化那么美。

月亮、59%。地点：挂旗。联想：挂着月亮旗，上面画着59个月亮。如果你记得59的数字编码，请转化成编码记忆。比如，59的编码是五角

第七章
快速记忆实践广场

星,想象成画有月亮和五角星的挂旗。

生物、中生代。地点:哨塔。联想:有一只奇怪的生物,站在哨塔中间拿着个袋(代)。

岳阳楼、洞庭湖。地点:会旗。联想:岳阳楼转化成会音乐的羊,叫乐羊,联想岳阳。乐羊在旗上戳了个洞,还挺大。

火焰山、新疆。地点:屋顶。联想:屋顶有一团火焰烤新疆羊肉串。

除太阳、比邻星。地点:门口。联想:门口出来一个圆圆的小太阳,比邻居的星星要大。

结束计时。

请快速回忆10个地点及记忆的图像内容。发现漏的先跳过,把能想起来的回忆出来,先不要复述常识内容,只回忆压缩的词和记忆的图像。回忆完,请确认你记住多少个、漏掉多少个,计算一下你的正确率。比如,你记住了8个,漏了2个,正确率就是80%。

看一下你用的时间,如果是1分钟,那么你的成绩就是1分钟记忆10条常识,正确率80%。

接下来请你补充漏记的内容,然后看着07的图像,回忆每个地点所代表的常识内容。这一次争取做到百分之百正确。

完成之后再看一下时间,看看你需要多少时间来熟悉。如果使用时间在3分钟以内,说明你的记忆能力还可以,只要训练好串联记忆和图像能力,完全可以冲刺10分钟记忆100条常识的记录。如果用时稍长一些也不要灰心,这不代表你的记忆力不好,只是你需要认真训练一段时间,才能让记忆力得到提高。所以,学会方法之后,你一定要勤加训练,让自己的联想能力和回忆能力提高一个台阶。

关于训练计划我会在下一章讲。接下来让我们一起学习单词的记忆。

第二节
1小时记忆200个单词

在第六章中，我们用00的编码图（眼镜店）记忆了"记忆的过程"，你还记得吗？如果你是一口气读到这里的，想必还有模糊的印象，但如果你隔了一段时间才又捡起这本书来看，很可能已经忘记了。这是很正常的，因为遗忘也是记忆的一个部分。如果我们无法遗忘，那也是十分可怕的一件事情。但是，无可争议的是，我们需要对某些信息保持长久的记忆。那么，我们要如何做到这一点呢？复习。唯有掌握好复习方法，才不至于像小熊掰玉米一样，掰一个丢一个，把重要的内容迅速遗忘掉。

回到开头的问题，"记忆的过程"有哪几个？这个知识点被记录在眼镜店的第五个地点镜子上：镜子位置前面站着一个人叫郭成，他施暴力法术，让镜子显示出人群中的神仙。联想的内容是：郭成施暴人仙。也就是识记、保持、再认和再现。

以这个知识点为跳板，请问：看到单词就想起单词的意思，这是再认还是再现？

要回答这个问题，关键在于要理解再认和再现的含义。

再认是指看到单词再一次想起来意思，再现是单词不在面前，你再一次从脑海中回想出来。从上面这个定义来看，看到单词就想起单词的意思，当然是再认。

对于再认，我们需要有再认的记忆方法。如果要求在不看单词的情况下默写出来，那就是再现。再现有再现的记忆方法，两者可不一样。

第七章
快速记忆实践广场

市面上大部分记忆单词的方法都是再现的记忆方法，只有少部分是再认的记忆法。下面我就来讲讲它们的不同之处。

再认的记忆过程比较简单，只要看到单词，有提醒的标志，让我们能联想到单词的意义就完事了。再现的记忆过程要求比较复杂，你需要有保持的过程，也就是需要有图像或语句逻辑的帮助，在脑海中完全回忆单词的每一个字母拼写和意义。

再认一般使用关键词法和谐音法，用词根词缀推理或部分象形提醒的方法来记忆。再现一般使用故事记单词法、编码记单词法等。

先不举例说明这些方法，我们从单词本身来讨论，该怎么选择这些方法更好。

首先，英文本身是拼音文字，拼音文字的特点是表音，即听到发音就知道表达的意思。而汉字是象形文字，特点是记录事物的形象和意义，即听到发音还要知道是什么字，不然就会理解错。汉字使用汉语拼音记音，但是不用音做表达记录。而英语不一样，它完全可以使用声音做记录。所以，英语的发音和字母组合有着一定的关系。由于一些外来语和变音，一些拼读规则会发生变化，所以非英语母语者不好掌握这种发音规则，没办法完全听音拼写，这才让我们背单词很辛苦。

按这个原理，实际上自然拼读方法是最适合记忆英语单词的方法。只是我们作为非英语母语者，需要花大量时间积累语感，这不现实。所以我们需要采用其他策略来进行单词记忆。

在实际学习中，我们发现单词有部分也包含象形的成分，初学者可以借用象形来记忆这一类单词，如boy、see、soup、dog等。

简单的单词一般由3~7个字母组成，所以记忆起来难度比较小。在少量地记忆此类简单单词时，只需要一些简单的象形和字母联想就可以完成记忆任务。

随着需要记忆的单词越来越多，记忆任务也越来越重。此时想要完成再现单词的任务，使用编码记单词法、故事记单词法和关键字记单词法，就显得很必要。使用这类方法记忆单词最重要的一个问题就是复习。很多人能很快地把单词背下来，但又会很快地忘掉，以致需要反反复复地背诵。

为减少这种问题，在需要记忆的单词少于3000个的情况下，编码记单词和故事记单词法是首选，但如果需要再现的单词超过3000个，建议使用组块和词根词缀的记忆方法。我们来分别讲述几种方法的使用步骤。

编码记单词法的原理与数字编码记忆数字一样。把单词里的字母组合转化成熟悉的组合，然后转化成图像或语句，再进行串联记忆。下面拿个单词举例子。

如never，意为从不，使用编码记忆法先从单词里找你熟悉的组合，拆分ne，读起来像"那"；拆分ver，懂电脑的人知道这是显示版本号的命令，这样联想信息就是：那、版本号、从不。三个词串联组合：那人从来不看版本号。

也许你会问我，如果我拆分的是ne+v+er呢？联想信息就变成：那、v（编码为剑）、儿、从不。四个信息串联组合：那人拿剑，儿从不敢靠近。

使用这种方法要求你串联信息的速度很快。如果你串联记忆能力没有训练到家，几个词组联想就要花老半天时间，建议还是不要使用，因为你会被自己的想象力给"拖垮"的。

编码哪里找呢？其实，现在网络上编码记忆单词表很多，有很多单词编码。另外，这类书也很多，大家随便找单词记忆书就可以。另外推荐林彼得著的《一生受用的记忆提升宝典》，书中有我使用多年的单词记忆编码表。

第七章
快速记忆实践广场

除了单词编码法，如果你觉得这样记忆单词还要多出一道背编码表的工序麻烦，还可以使用关键字记单词法。这一招还是需要串联记忆能力，不过不需要编码表。依然是举例说明。

如revolutionary，意为革命者。完全没有英语基础的人可能只能看到拼音组合，也就是从单词里发现几个认识的拼音，如re、lu、ti、na。这些拼音对应的字有热、路、体、那，再与单词的意思革命者组合，马上可以联想到：天气热，路上有一个群体，那是革命者。这时候，你只要这样默写：re _ _ luti _ na_ _ 革命者，空的地方读出声音来，默写2~5次，这个单词一定能记住，只是后面能记多久的问题。

这种方法叫关键字记忆单词法。看到熟悉的内容先串联记忆，不熟悉的再用老方法，默写和重复。这种方法最有利于再认单词。

总之，一个单词再复杂，编码法或是关键字法加上练习、复习都很容易背下来。关键是单词数量多，复习就麻烦了。

所以，记忆单词的问题不在记的过程，而在管理和复习的过程。

无论我们使用编码记单词法、故事记单词法，还是组块或词根词缀法，记下来是简单的，遗忘也是不可避免的。如何更好地复习，以达到更少地遗忘呢？重点是少量多次。这个"少量"是多少个单词呢？具体数量是因人而异的。

按照每天记1小时单词计算，正常的水平是每天记忆30~60个单词。如果你记1小时只能记住10个单词，说明你在记忆方法上还有所欠缺；而如果1小时记50个单词对你来说是极限，你也不必强行提升到60个或更多。随着记忆方法的熟练度提升，记忆效率自然会渐渐提升。

以1小时记忆60个单词为例，把60个单词分为6组，每组10个单词，则这个"少量"就是指10个单词。"多次"涉及滚雪球式的复习，这就要用到链式复习法了。请大家看下面的这张表。

组别	—	—	1组	2组	3组	4组	总复习
	—	1组	2组	3组	4组	5组	
	1组	2组	3组	4组	5组	6组	
耗时（分钟）	5	8	11	11	11	11	

假如你一次记忆10个单词使用的时间是5分钟，而复习一组用时3分钟。学习第一组的时候，只用5分钟完成了。接着你复习第一组（3分钟），同时又学了第二组（5分钟），共用了8分钟。接着复习第一组和第二组用时6分钟，学习第三组用时5分钟，加在一起是11分钟，以此类推，直到最后一组。这样学习下来，一般1小时60个单词是没问题的。

将时间跨度拓展到周，只是把组改成单元，每天一单元，这样6天之后，第7天总复习。

如果1天记60个单词，1周6天记新单词、1天复习，共记360个单词，每个月能记1000多个单词。花费的时间也就是一天1小时。这就是最普通的记忆单词方案。

也许你会质疑，那有没有更厉害的招呢？小标题上可是写着1小时记忆200个单词呀！有标题党的嫌疑了。别急，这只是一般的方案，我还有特殊方案呢！

如果是常规记忆单词，词汇都是按普通规则排顺序的，单词要么是跟着课本走，要么是跟着字母排序，或是出现频率排序。这样的排列，不是太符合记忆的规则。

大家看这一组单词：cap、gap、hap、map、lap、nap、pap、rap、sap、tap。你只需要记住：cghmlnprst这串字母，这些单词就都可以默写了。怎么记忆呢？转化成拼音句子：采购还没来，你派人送他。你现在是不是可以默写这10个单词了呢？只要嘴里念着"采购还没来"，手上写它们的首字母，在边上空出两个格：c_ _、g_ _、h_ _、m_ _、l_ _，接着全填上ap就可以了。后面操作相同。这是秒记单词呀!中文意思怎么办呢?只要编一串故事就可以了。至于怎么编,留给大家当思考题。

这样背单词,1分钟记忆3~5个单词绝对没问题,1小时记忆200个是很简单的。

有一些朋友会说,哪有这么巧的情况呢?用心就有这么巧,几千个单词都有这么巧的。除了这样操作,还有没有别的方法呢?答案依然是有。思路是一样的,只是换成思维导图和词根词缀的方法。

关于单词就讲这么多吧!希望给出的策略思路能给你建立自己的记忆宫殿带来启发。

第三节
3小时背完100条公式

有一次培训课上,一个学员拿了一本公式集来向我请教,他想把里面的100条公式都背下来。

我观察了这些公式,发现它们并不都是简单的字母加减乘除的形式,其中有一些甚至让人看着头疼。但是再仔细总结一下,发现实质上是可以分成三类的,一类是文字型,一类是符号型,还有一类是文字符号混合型。如果你已经理解了这些公式,知道如何用它们解题,那么实际上你已经"记住"了这些公式,但是,不可避免的是,有些时候我们会写错几个符号,或是漏掉个字母。为了更准确地记忆,这时候就可以运用记忆法,为文字和符号加入一些提示。

于是,我建议他,提取重点信息,用编故事和串联的方法来记忆,如果遇到特别形象的可以使用画图记忆。每个公式记完后,存放到地点桩子上,以便回忆和默写。

他回去之后,花3小时记忆了100条公式,而且最后全部默写正确。

下面我就拿几道公式做示范,让大家可以模仿,在需要记忆公式时,也可以尝试这样的方法。

比如,圆的周长公式$C = 2\pi R$,读的时候"2π"可以联想成两派,R是拼音"人"的拼音首字母,合并在一起就是"两派人",组合"周长"就变成:想要知道圆的周长需要派两派人去测量。

再来一个复杂的公式,请看下图:

第七章
快速记忆实践广场

$$\frac{n \sum XY - \sum X \sum Y}{n \sum X^2 - (\sum X)^2}$$

一般来说，我们将主要的元素编码为场景或地点，而将其他元素编码为物品或人物。这样一来，借助物品或人物与场景的互动，创造出画面，就可以很好地把公式记下来。

在这个公式中，有几个元素：n、$\sum$、X、Y、2。其中，我把主要元素$\sum$编码为石头（象形法），n转化为磁铁（磁铁有S极和N极），X转化为小明，Y转化为外国人。将这个公式根据上下左右，分为四个部分。

第一部分就可以想象成：磁铁吸在石头的左边，来了小明和外国人一起在右边推石头。第二部分，两个石头中间站两个人，一个小明，一个外国人。减号可以省略记忆，也可以两个联系在一起记忆，比如，磁铁吸住了石头，小明和外国人从右推石头，推累了就捡（减号）后面两个石头中间坐下来，坐的时候小明在前，外国人在后面。下面部分，可以想成被磁铁吸的石头坐了两个小明（双胞胎），后面括号，想成围墙，想象围墙内的石头只坐着一个小明看着墙外的鸭子在飞（2的编码是鸭子，因为2像鸭子）。

通过想象处理之后，请你试着默写这条公式，你会发现你能全部默写出来。

总之，公式记忆最简单的方法就是对符号进行编码，然后直接编成故事。转化的时候一定要注意故事元素要准备够，就像导演选好演员。另外，我们还要找准主要角色。比如上面的公式，我们发现$\sum$在公式里占了重要地位，所以把它当成场景或地点，把其他变化元素当成"人物"，这样它们在场景上多次变化都可以，故事就好编了，编好了也方便记忆。

第四节
11小时背完《道德经》

我初学记忆宫殿方法的时候，身边有好几个高手，《道德经》倒背如流，抽背第几章第几句话都可以正确背出，实在让我佩服、羡慕。于是，我买了本《道德经》，从现实生活中找地点桩子，也没有规划好需要多少个地点，就直接开始边找地点边背，有时一个场景背两章，有时三个场景才背一章，很是混乱。用了两天才背不到10章，不但没有实现抽背，就连顺背也有困难，最后就放弃了。

直到后来我从《西国记法》一书中得到启发，设计了数字编码1000桩之后，才完成了《道德经》的背诵。后来，赵博士告诉我，她想背《道德经》。她之前读过《道德经》，熟悉里面的部分内容，同时也熟记了1000桩子的全部地点内容。在我们约定记忆的当天早上，我通过电脑远程指导她记忆《道德经》的前3章以做示范，后面她自己操作。大约中午的时候她就已经背完一半，到晚饭前就全部背完了。她创造了学员中背《道德经》最快的纪录，九个多小时记完了五千字左右的《道德经》。

下面详细解说这种方法。我先用数字编码地点桩子，对应《道德经》的每一章。比如，数字编码21就对应《道德经》第21章，而21的编码是鳄鱼，联想的地点是鳄鱼潭，所以《道德经》第21章的所有内容在鳄鱼潭这个场景中进行记忆。

下面用《道德经》第8章给大家做示范。

第8章主题是上善若水，数字编码08转化的是泥巴，想象的场景是玩泥巴的场地，如下图。

第七章
快速记忆实践广场

还是老规矩，先熟悉图的内容和地点位置。

第一个地点是泥巴桶，第二个地点是泥巴制作台，第三个地点是一位大叔，第四个地点是人的背部，第五个地点是小的泥巴制作台，第六个地点是门，第七个地点是屋上的瓦片，第八个地点是墙边的架子，第九个地点是长条桌子，第十个地点是爬梯。

请闭眼回想内容，尽量回想，实在想不起来再跳过，全部回忆完成之后，补充漏记的内容。确认全部记忆之后，抽背位置，检查是不是完全记住，完成之后可以接着阅读后面的内容。

下面我们一起读一遍《道德经》第8章的内容：

上善若水。水善利万物而不争，处众人之所恶，故几于道。居善地；心善渊；与善仁；言善信；政善治；事善能；动善时。夫唯不争，故无尤。

如果读到哪一句拗口，请多读几遍，直到顺口。如果不顺口，记忆之后，背出来也可能是磕磕巴巴的。

下面对应地点进行记忆。

第一个地点是泥巴桶：上善若水。想象泥巴桶上倒入了很多热水（热与若谐音），所以是上善若水。

第二个地点是泥巴制作台：水善利万物而不争。想象台面上有水，水上面放着大力丸是乌黑色的，大家都不敢过来争。水上，力丸乌，而不来争，所以想到水善利万物而不争。

第三个地点是一位大叔：处众人之所恶，故几于道。想象大叔处在众人之中，被人厌恶，他自己故意拿出鲫鱼和刀来。所以想到处众人之所恶，故几于道。句子有一点长，请尝试背诵并多回想一次。

第四个地点是人的背部：居善地。想象人的背上有个十字架，被举起来，含义是举上帝（居善地谐音成举上帝），请领会意思并尝试回忆原文。

第五个地点是小的泥巴制作台：心善渊。想象小台子上放着猪心被善人拿来腌（渊和腌音近，所以谐音处理）。

第六个地点是门：与善仁。想象门上面画一条鱼（与和鱼谐音），鱼在吃果仁。

第七个地点是屋上的瓦片：言善信。想到一个人在屋上瓦片的位置听别人说话（说话就是言），然后写成了信。

第八个地点是墙边的架子：政善治。想象墙边有一个善良的"贞子"，贞子谐音政治。

第九个地点是长条桌子：事善能。想象长条桌子上，有一只狮子善于展示能力（秀肌肉的动作）。

第十个地点是爬梯：两句合并，动善时。夫唯不争，故无尤。想象爬

第七章
快速记忆实践广场

梯子运动需要计时，爬动的时候要计时，叫动善时。后面"夫唯不争"，想象一个老夫子围观爬梯运动，却不跟大家一起争着爬；"故无尤"用它的本意来联想：所以老头没有摔下来的担忧。

先把每一个地点上记忆的想象画面回忆出来，中间有想不起来的可以再看一次，然后尝试背诵。相信不用试3次你就能全部背下来。

恭喜你，可以背《道德经》第8章了。剩下的80章，每章的背法也是相同的，只要按同样的方法，你就可以在短时间内背完《道德经》。

我自己录制的81章《道德经》记忆过程视频总时长是11小时，所以初步估算，按这样的方法，你最快11小时可以记完一本《道德经》。

感兴趣的朋友可以挑战一下，希望可以听到你挑战成功的消息。

第五节
20小时背完《周易》

有一段时间我很喜欢国学，找了个老师学习《周易》。老师让我把周易64卦的卦名卦象都背下来，加上爻辞，全部内容超过5000字。老师给我一周时间，结果我花一个多小时就全部背下来了。下面就把我记忆卦名的过程分享给大家。

我使用的是数字编码挂钩记忆的方法。

下面是每一卦和它的编码对照表，转化过程我就不标出来了，也算是留给大家的思考题。

卦名	编码	卦名	编码	卦名	编码
1.乾卦	钱柜	15.谦卦	纤夫	29.坎卦	砍树
2.坤卦	昆明	16.豫卦	鱼（美人鱼）	30.离卦	梨花
3.屯卦	瞄准	17.随卦	隧道	31.咸卦	咸菜
4.蒙卦	蒙古舞	18.蛊卦	大鼓	32.恒卦	衡山
5.需卦	旭日	19.临卦	林子	33.遁卦	炖肉
6.讼卦	松鼠	20.观卦	馆（中国馆）	34.大壮卦	打桩
7.师卦	师	21.噬嗑卦	死磕（头）	35.晋卦	锦衣卫
8.比卦	毛笔	22.贲卦	匕首	36.明夷卦	名医
9.小畜卦	小储蓄	23.剥卦	玻璃	37.家人卦	家人
10.履卦	驴	24.复卦	斧头	38.睽卦	葵花园
11.泰卦	泰姬陵	25.无妄卦	武王	39.蹇卦	剪刀
12.否卦	皮大褂	26.大畜卦	大蓄水池	40.解卦	街头
13.同人卦	铜人	27.颐卦	颐和园	41.损卦	孙悟空
14.大有卦	大油库	28.大过卦	大锅	42.益卦	衣挂

第七章
快速记忆实践广场

续表

卦名	编码	卦名	编码	卦名	编码
43.夬卦	拐棍儿	51.震卦	地震	59.涣卦	浣熊
44.姤卦	狗	52.艮卦	树根	60.节卦	街道
45.萃卦	翠花	53.渐卦	剑	61.中孚卦	水中浮
46.升卦	升旗	54.归妹卦	鬼魅	62.小过卦	小锅
47.困卦	困觉	55.丰卦	丰收	63.既济卦	人才（济济）
48.井卦	井	56.旅卦	旅行	64.未济卦	喂鸡
49.革卦	割麦	57.巽卦	训练场		
50.鼎卦	大鼎	58.兑卦	队友		

接下来怎么背呢？首先数字1到9必须有编码，前面我们的数字编码是0打头的，也就是01、02……09，现在记忆卦名，因为数字从1开始，所以我们可以从1到9再设定一套9个的编码，然后从10开始，还是使用之前的两位数编码。

我们来设定这9个编码。

1像笔，是笔直的；2像鸭子，脖子弯弯；3像耳朵；4像小小的三角旗；5像秤钩，钩东西；6像哨子；7像拐棍，一横再一竖；8像麻花，拧一拧；9像球拍，圆的拍和直的杆；10像棒球，1像一根棒，0像球。

大家根据我给出来的数字和形象对应，想象样子。在脑海里复习一遍，检查一下是不是能背下来，如果发现没有记下来的，请重新想象加强。然后抽查看是不是全部背下来了，确认全部背下来，就算过关。

记下来之后，我们用这几个数字进行联想记忆周易64卦的前10卦，以做记忆示范。

1像笔，笔和钱柜进行联想。第1卦是乾卦，可以想象钱柜上放着一支笔。2像鸭子，第2卦是坤卦，想象一群鸭子去昆明玩。3像耳朵，第3卦是屯卦，想象耳朵听到命令"预备瞄准"。4像红旗，第4卦是蒙卦，想象一群人拿着小红旗在跳蒙古舞。5像秤钩，第5卦是需卦，想象秤钩钩着一个太阳正旭日东升。

请对着数字回忆每一卦的名称，发现遗漏请补充记忆。确保每一卦都记下来之后，请开始记忆第6卦。

6像口哨，第6卦是讼卦，想象松鼠在吹口哨。7像拐棍，第7卦是师卦，想象老师挂着拐棍。8像麻花，第8卦是比卦，想象用笔在麻花包装上写上字。9像球拍，第9卦是小畜卦，想象球拍压在小储蓄罐子上。10像棒球，第10卦是履卦，想象用棒球棒打不听话的驴。

请对着数字6、7、8、9、10，回忆后5卦的名称。遗漏的请补充想象，再检查是不是记住。

是不是发现前10卦很容易就全部背下来了？按这样的方法记忆，只要你有数字编码基础，用不了1小时就差不多全部背下来了。

现在有另一个问题，就是卦象（卦符）的记忆。其实这涉及八卦的名称：乾兑离震巽坎艮坤。其对应的是：天泽火雷风水山地。只要把这8个字背下来，后面只需要记忆这些名称对应的组合就可以了。比如，我们已经记住第3卦是屯卦，它是坎上震下，也就是水上雷下，组合在一起就是水雷屯卦。这样我们记忆的时候想象耳朵听到"瞄准水雷"，就可以把3、水雷、屯这三个信息联想在一起了。

喜欢《周易》的朋友可以好好琢磨一下。熟悉数字编码之后，直接用这种方法记忆64卦的卦名和卦象，很快就记住了。

还有其他的记忆64卦的方法，如使用二进制法，大家也可以思考一下。

最后是怎么记忆爻辞。爻辞一般有6句话，加上其他内容最多也就8句，用一张图像记忆足够了。我们可以使用64卦编码之后的词进行场景联想。比如乾卦，我们利用谐音钱柜，联想钱柜KTV的场景，这样就有一张图可以引申记忆爻辞了。

前文中，我已经带领大家用数字编码引申的地点场景来记忆课程知识，这里的操作是相仿的，所以我就不再赘述了。

第六节
3个月轻松备考过二建

我的学员中有不少参加消防和二建、一建考试的,他们都学习了记忆宫殿的方法,并把方法融合到学习当中。

其中,有学员只备考3个月就考过二建的。说实话,学习从来不是一件轻松的事,如果说轻松,那是相对没有方法的人来讲的。

我整理了通过考试的同学们的心得,分享给大家,希望对大家有启发和帮助。

第一点是要充分准备好知识要点、学习内容和材料。

第二点是要学会借力。找比较好的专业串讲课程或是押题比较准的教学机构,借助他们的经验和总结好的内容,你可以更快速地找到重点、难点,可以把精力放到学习更准确的、更有用的东西上。

第三点是要学会使用速听播放工具,为学习和复习争取更多的时间,提高效率。努力争取学习的时候能达到2.5倍听课,复习的时候能3倍复习视频内容。

第四点是排除已经懂了的能拿分的知识,为自己减负。我遇到过这样的学员,总是害怕自己学会的内容考试还会丢分,隔三岔五就拿出自己学会的内容再刷一遍,希望做到会的内容100%正确。这样是很浪费时间的。对于自己已经理解了的内容要有自信,相信自己一定能拿分。如果还有一些陌生,就合理安排复习时间,而不是重复地学习。

第五点是安排好时间和做好计划。学习最少准备三轮:第一轮扫盲,然后排除掌握的内容。第二轮专攻重点、难点、考点,把精力放在刀刃上，完成考试前的所有知识准备，同时把需要记忆的内容通过整理，转化成记忆方法的内容，比如，提取关键字串联起来。第三轮精力放在查漏补缺上面，尽量更精准地去回答问题和刷题以获得更高的分数。如果有时间，可以进行第四轮总复习。

第六点是做好练习和复习。很多人总是在学习完成之后再刷题，最好的方法是每课听完就开始刷题、背题。每一次学习都要做题和背题，最好能默写题目，只有这样做才能保证你时刻得到自己学习进度的反馈，知道自己已经能考多少分了，离目标还差多远。

以上六点是考过证书的同学们交流总结的真实有用的经验，希望你能认真体会。如果你想考证，请为自己做好努力奋斗的准备。相信只要你用心，方法得当，一定可以顺利通关。

以下列出通过二建考试的学员潘继彬的记忆内容和方法供大家参考。

1.水闸按用途分（进水闸，节制闸，泄水闸，排水闸，挡潮闸）。

记忆方法：谢（泄）姐（节制）进排挡。

2.倒虹吸管类型（竖井式、斜管式、曲线式、桥式）。

记忆方法：井管吃过桥米线。

3.不同地基处理方法。

岩溶地段地基：回填碎石，（帷幕）灌浆。

记忆方法：岩溶回填碎灌浆。

冻土地基：基底换填碎石垫层，铺设复合土工膜，设置渗水暗沟，填方隔热板。

记忆方法：冻土暗沟复膜热板，基底换填碎石垫层。

4.特殊高处作业（8种）：强风，异温，雪天，雨天，夜间，带电，悬空，抢救。

记忆方法：悬温（人名）风雪（林冲风雪山神庙）雨夜抢电。

第七节
快速记忆的万能公式

通过以上的了解，我相信大家对记忆宫殿的应用有了整体的感受。接下来我们对这些记忆的内容进行分类总结，让你在遇到特定的记忆难题时知道选用哪种方法。

第一类：文字内容，需要一字不漏地记忆。

代表的内容有：古诗、古文、诗歌、必背课文、精彩的内容等。遇到这类内容和一字不漏记忆的需求，使用"地点桩子+影像"记忆法是最好的。当然也可以使用画图记忆法，适当地逐句转化成图像进行记忆。

第二类：符号内容，需要精准记忆。

代表内容有：数字、单词、一些专业符号、元素周期表等。遇到这类内容，我们需要观察信息的最基本单位和最基本组合，对它们进行编码，然后用"地点桩+影像"记忆。比如数字，我们观察发现只有0到9的10个数字符号，两位数是100个编码，三位数是1000个。1000个不好练习，所以我们常用是两位数字编码。

元素周期表主要是"数字+字母+中文"这样的组合，一般是数字编码+字母编码+中文意思联想画面。如第10个元素是Ne氖，可以想象成：奶奶问棒球在哪儿呢？

如果是遇到日语的字符怎么办呢？或者韩语的字符？其实原理是一样的，只需要把字符转化成我们熟悉的信息，并固定为编码，再把常见组合和一些规则也转化好，记忆的时候直接符号转化成编码就可以了。

第三类：文字内容，不需要一字不漏记忆。

代表内容有：考试的简答题内容和论述题内容，一本书的记忆。这种类型主要是记忆关键信息和重点信息，只需要把重点和要点提取出来，进行记忆就可以，因此使用关键字和歌诀记忆或是归纳记忆法都是比较好的记忆方法。

在把重点提取出来之后，我们可以编一个故事或画一张图，看着图背诵内容的重要思想或宗旨就可以了。这种方法的缺点就是只能复述，不能一字不漏地背；优点就是背记速度快，理解之后进行记忆会记得比较牢。

第四类：抽象图像记忆。

代表内容有：地图、图表数据、抽象图像等。特别是地图，精确记忆是特别难的，我们只能记忆大概轮廓。如果精确记忆就必须使用"特别编码"的方法。现在我给大家介绍如何记忆大概轮廓。

一般记忆地图，我们先观察地图长得像什么，哪怕只是局部像也可以。比如，山东省的地图像一只展开翅膀的鸟。只要提取特征点，以后看到特征点，就知道它代表的是什么。这一方法其实比较简单，就是观察特征点，想象成它像的那个形象图像。

大家可以找出中国地图，仔细观察下各个省份的轮廓。河北省轮廓是不是像一个水管钳？广东省的轮廓像不像一个鸡腿？再加上联想：河北工人修管子，广东有鸡腿吃。

请你闭眼回忆，地图是不是很清晰呢？以后再次看到一定会认出它们来。

第五类：特别图形记忆。

代表内容有：人脸、二维码、指纹、钥匙、眼线画法等。这种类型需要进行特别编码，也就是按类型对内容进行数字化编码，记忆的时候用这些编码进行转化，只要记忆数字或特定的编码，回忆时将编码代表的信息复原即可。

下面就二维码记忆举例说明一下。

先看二维码：

5个空格

4个空格

8个空格

8个空格

大家注意，二维码边上会有一些空格。在上面的这个二维码中，从上面的边开始，按顺时针方向将空格数组合在一起得到5884。这个数字就是编码的特征数字。在几十个二维码中，这个特征数字重复的概率几乎为零，所以你可以用这一招，记住二维码和它对应的人物或微信号。

当然，我们还可以用类似的方法对脸型、钥匙下定义，这样我们就得到人脸数据、钥匙数据等。在这里我不一一介绍了，希望大家自己思考创造出更多特别的编码，如指纹编码等。当你向他人展示你高超的记忆力时，他们一定会被你吓一跳。总之，只有想不到，没有记不了。

总结以上五种类型，主要公式有"地点桩子+记忆影像""提关键字+编故事""提关键字+画图""提关键字+编歌诀""提关键字+串联联想""编码图像+地点桩子""编码图像+编故事""编码图像+串联联想""特征信息数字化编码+地点桩子"。如果你能理解以上的组合和方法的具体应用，那么在记忆宫殿应用策略上，你就是一个高手，可以灵活地组合出不同的方法策略来完成所有记忆任务。换一句话说：没有记不住的东西，只有你不想记的内容。

第八章

学会记忆宫殿的正确方法

老子曰:"千里之行,始于足下。"从头读到这的读者朋友,已经与我一道记忆了有关记忆宫殿的全部理论知识,并且体验了成功的滋味。但是,你们的记忆之旅才刚刚开始。

无论是想要运用记忆法通过某个资格证考试、学会某种语言,还是想要获得世界记忆大师的称号,你都还只站在起点上。最重要的事情是:实践。没有亲自实践,就没有发言权。

在本章中,我为大家提供了树立正确记忆目标的方法,还给出了一份 21 天的训练计划。希望每一位拥有梦想的朋友都能真正利用起记忆法,让记忆法帮助你获得成功。

第八章 学会记忆宫殿的正确方法

第一节
如何树立正确的记忆目标

我教过上万个学员，见证过许多的成功与失败，如果说有什么原因会导致必然的失败，那就是设定错误的目标。

什么叫错误的目标呢？如果你想学英语，你定了一个目标：3个月学会英语。这样的目标就叫错误的目标。如果你定的目标是：1个月背1000个英文句子。看起来这个目标比前面的目标要实在多了，最少没有喊口号了。但是算一下账，1个月30天，1000除以30，等于一天要背约34个英文句子。每天都必须背34句，其中还不算上复习时间。这么高强度的记忆量和学习量，即使英语底子好，估计也很吃力，更别说新手了。

什么原因导致设定目标出现错误呢？主要是因为想要获得能力，但没有仔细地分析自己的实力，没有做合理的计划。目标是否可以实现？数量是不是适中？时间限制多长？是不是够时间？怎么考核？过程可不可以量化？如何具体操作？我列出来的这些问题，如果你都可以给出详细的、有效的答案，那么你的目标和计划才算是正确的。

记忆宫殿有哪些训练内容呢？具体水平有什么指标呢？下面我来给大家讲讲，方便大家设计目标、制订计划的时候参考。

最基本的转化训练有谐音训练，一般训练是使用抽象词或拼音组合找对应的汉字。另外，需要积累生活中发生的事件的图像和一些词语的画面，它们可以丰富脑海中的想象画面。如果一个人生活中见过的、知道的东西本来就少，想象力也会很贫乏。不过这一部分训练要求比较简单，只要常见拼音音节对应的单字能找到图像就可以了，拼音音节两两组合不需要练习，因为组合有近1600种，训练太费时间。想不出来的可以直接使用拼音输入法联想功能解决。

串联训练是有要求的，最低合格线是10个词30秒，不要求20个词的时间。因为从零散的知识点中提取关键信息一般都在10个词以内。如果你10个词串联想象需要30秒或更多，那么记起来就会很累，而且感觉很慢。所以形象词要控制在10个词30秒以内，10秒左右最好；10个抽象词50秒左右记住就可以了。

除了串联想象的基本功，我们还需要训练数字编码。训练数字编码最难的部分不是记住它们，而是快速反应。如出现07，你需要多少秒才能反应出这个符号的图像？注意是图像而不是谐音的词或念出词语来。当看到数字之后，马上想到图像的样子，这是最高层次的要求。一般初学者是先想到转化逻辑，再念出词，最后一步才开始想象图像，所以初学者的数字编码反应速度一般都是3~5秒。这实在是太慢了。合格是1~2秒反应出来。注意是100个数字编码都达到1秒左右，不能有一些5秒完成，有一些0.8秒完成。

下面列出标准。

初学：5秒以内；合格：2秒以内；优秀：1秒以内；高手：0.5秒左右。

训练时，可以使用手机软件随机出数字，也可以使用卡纸写上数字，然后打乱这些卡纸进行训练。注意，训练的时候需要用秒表计时，结束之后计算平均时间。中间如果有卡住特别长时间的数字编码，请加强训练。

关于记忆宫殿地点桩有两个方面的要求，一方面是数量储备，如果你的桩子太少，一旦要背记的东西超过桩子的储备量，你是很难快速记住这些内容的。因此，我们需要平时多准备一些桩子。最低要求是，记忆知识的桩子有1000个，练习和临时记忆的桩子有500个，总共1500个。除了数

第八章
学会记忆宫殿的正确方法

量,还要对地点桩子熟悉,对于任意顺序序号都可以随时回忆起来,才算过关,所以平常需要不断做回忆练习。

基础训练内容和训练目标都给大家罗列出来了,接下来只有制订训练计划和实现它们,才能真正地在记忆宫殿记忆方法上走出康庄大道来。

小贴士 Tips：数字编码的训练难点不是记住它们,而是快速反应,对 100 个数字编码的反应时间都要达到 1 秒左右。

第二节
21天的训练计划

人们常说21天养成一个习惯，几年前我做了一个21天训练计划。其中参加训练后成绩最好的是60秒完全正确记忆120个数字。他们每天都做什么事呢？是什么让他们进步如此之快？训练对他们以后的学习和生活有什么影响呢？让我一一为大家解答。

首先，21天到底训练了什么？

我把21天训练分成了3个阶段：

第一个阶段从第1天至第11天，打基础！

第二个阶段从第12天至第16天，训练记忆能力！

第三个阶段从第17天至第21天，冲刺提高！

三个阶段，训练的内容重点不太一样，每个阶段训练的时间安排也有变化。第一个阶段打基础为主，所以训练的时候每一种方法都体验一遍。第二个阶段主要是专项训练，以提高数字记忆为主，练习"地点+影像"公式。第三个阶段是为了让速度得到提高，每天数字记忆不断加量，同时增加对书本和词语的记忆。

三个阶段训练下来的目标是：100秒能百分之百正确记忆100个数字。1000字左右的普通文章能在1分钟内找到中心思想，为准确提取关键字做好准备。5分钟记住1000字文章的重要内容，初步完成记忆宫殿的核心技术学习。

由于篇幅有限，只把每个阶段训练的内容要点罗列在下面。

第一个阶段训练：串联记忆词组、用地点桩记忆词、数字挂钩记忆词

第八章 学会记忆宫殿的正确方法

组、背编码、想象、串联、找地点桩、回想桩子、句子主语提取。

第二个阶段训练：读图、复习桩子、记忆数字、文章关键字提取。

第三个阶段训练：读图、复习桩子、找新桩子、记忆数字、一本书的结构处理、词语记忆。

通过上面的介绍，我相信大家一定能认识到，对于学习方法来说，最重要的还是训练，如果没有训练，再厉害的方法也是白搭。这就相当于拥有了武侠小说里的武功秘籍，如果你不去修炼，也不会变成厉害的高手。

每个人训练的起点不一样，有一些人已经有基础，训练起来可能更快速；有些人可能刚接触方法，所以进步比较慢。不要拿自己的成绩和别人比较，而是要和自己的昨天比。每天有进步，就是通向成功的重要指标。

我带21天训练班的时候，有一半学员都有基础，这也是他们进步快的原因之一。第二个原因是量变引起质变。每天的训练量非常大，没有几小时是完成不了的。这样的21天训练，就不太合适工作忙、时间少的人。

几年过去了，这一批人当中有不少后续考了几个职业证书，也有成为记忆培训师的。好方法对人的影响是一生的。因此，建议大家模仿21天的学习计划，自己设计一个完整的训练计划，并且执行这个计划，也许下一个记忆大师就是你。

小贴士 Tips：21天的训练需要花费大量时间，分为三个阶段，第一阶段以打基础为主，第二阶段是专项训练，第三阶段是为了让速度得到提高。

第三节
快速阅读的误区

有一句话古话：一目十行，过目不忘。前半句讲的是快速阅读，后半句表达的是记忆力超群。由此我们可以认为，自古都是阅读和记忆不分家的。所以，学记忆宫殿，也要了解快速阅读的原理和操作方法，要不然记得快，读起来慢，也会遇到瓶颈。

阅读时，主要参与的器官是眼睛。飞行员在天上开飞机的时候，看到天边一个芝麻粒大小的点，就能判断出来是鸟还是飞机。为了达到这一要求，除了事先筛选，更要训练。20世纪，有一些阅读专家借鉴了飞行员训练的方法，创造了快速阅读的眼睛训练方法。通过这些方法训练之后的学生，阅读速度确实有了很大的提升。一般人训练之后阅读速度可以达到每分钟2000字，厉害的还可以达到每分钟3000字。要知道，没有经过训练的人默读能达到每分钟600字已经很厉害了。

阅读速度的提高有两个方面，一方面是眼睛看字要快，另一个方面是每一次读的内容要更多。也就是过去如果你一眼看两个字，现在一眼看7个字，过去读2个字需要1秒，现在读7个字只要0.5秒，这就是提高阅读速度的原理。

最近还流行一个说法叫眼脑直映，意思是眼睛看完脑里直接理解，不需要看完字，再默读出声音来，然后理解。省下读出声音的时间，没有声音干扰，阅读的速度会更快。

然而很多训练过的人表示，如果不发出声音，快速扫读完文字，什么都没读懂，根本不知道书的内容在讲什么。

第八章
学会记忆宫殿的正确方法

难道"眼脑直映"是骗人的？后来国外有人说，直接扫读，想不起来，那是因为读的内容都"存到潜意识里"，所以你意识不到，你读完要放松，催眠自己，让看完的内容浮现出来。听到这里，有一些读者一定跟我的想法一样，"搞不好又是一个伪科学"。

带着这些问题，我问过一些阅读能力强的人，也比较过我身边的学霸，了解了一些真实情况之后，我发现并不是扫读之后全部"存在潜意识"。阅读高手看文字的时候，把字扫过去，就知道是什么意思了，原因是这些内容他熟悉。比如，你看到"今天的天气真好""我爱我的祖国"等熟悉的字眼时，即使不读出来，一眼就知道什么意思了。这是因为我们并不需要读，而是靠我们的脑子再现过去的知识，习惯性地调取而已。再如，请你快速读出下面这句话："研表究明，汉字的序顺并不定一能影阅响读。"

很多人阅读的时候根本发现不了，这句话中字的顺序是错乱的。有些人可能会发现一个错误点，还有的人一个都没发现。这就是习惯性地调取了过去的知识，而不是眼前的内容。我们非常容易被自己的大脑欺骗。

所以，我认为这种扫读并不是真正意义上的阅读，而是我们对熟悉的东西的一种再认和重新理解。这样的快速阅读速度能超过每分钟5000字，但它并不是我们平常所要的阅读。因为我们平常所做的阅读是为了学习新知识，是为了理解和掌握。所以，建议大家练习快速阅读时，还是走传统的路线，增加单次的读取字数和提高反应能力。正常情况下，30天的训练可以达到每分钟1000~2000字的阅读速度。这个速度其实也已经很厉害了，连续阅读2小时，基本上可以读完一本书。

我在阅读训练班上带学员训练，30天的练习后，大部分人可以达到每分钟2000~3000字的阅读速度。我们按照每分钟3000字的速度计算，40分钟可以阅读12万字的书，也就是相当于40分钟读完一本书。所以希望大家

高效记忆
用记忆宫殿快速准确地记住一切

不要盲目地追求快速。

测试一下自己的阅读速度，正常速度在每分钟600~1200字。如果你的阅读速度在这个范围内，增加自己阅读时每次看字的个数，也就是如果每次阅读只是看一个字，现在提高到每次看2个或4个字；如果原本是4个，现在就看8个字，尽量增加每次看字的个数。

还有一个重要的提示：为了阅读的时候可以更好地理解内容，阅读之前扫一下全文，大概理解一下文章讲的是什么，思考一下有什么内容，分几个部分讲，都讲些什么，大概猜测一下，然后去找答案验证自己的猜测。

这样阅读既能主动思考，又能帮你更好地理解原文，还能提高速度，一举多得。所以，希望大家在阅读之前养成好习惯。

关于快速阅读就介绍这么多，主要是让大家了解速读的原理和操作要点。具体的方法，希望以后有机会，再跟大家详细报告。

小贴士 Tips　扫读并不是真正意义上的阅读，我们平常所做的阅读是为了学习新知识，是为了理解和掌握。所以建议大家练习快速阅读时，还是走传统的路线，增加单次的读取字数和提高反应能力。

第八章
学会记忆宫殿的正确方法

第四节
做正确的事，你也可以成为记忆大师

每天坚持按计划训练，才能获得效果。其中，打好4个基础能力（转化能力、串联联想能力、编码储备、桩子储备）是学好记忆宫殿的标配，所以要坚持练好4个基础能力。

年龄不同的人学习记忆宫殿方法也有差别。3岁以后，会讲话，先学认形象词与图像。最好是卡片上一面是汉字和英语书写，另一面是图像。训练方法是：看到图像说出汉字，看到汉字想象图像。还可以学习画画，看着汉字把想象的图像画出来。

同时设计一套数字编码，也使用卡片式的，一面是数字，另一面是图像，正反练习。练习方法同样是，看数字想象图像，看图像说出数字，还可以看到数字画出图像。等熟悉以后慢慢再加强数字编码反应速度。加快反应训练可以使用手机或电脑闪示数字，让小朋友看数字快速说出图像名称。训练一段时间，反应速度加快之后，可以让他对着数字自己想象。另外，可以把图像做成幻灯片，加快播放速度，让小朋友观察快速播放的图片。设定播放速度，以能看清图像说出数字为标准。

孩子有一个阶段会自动进行发散联想，喜欢讲故事，自己现编，一直联想不断，一般是6岁以后。当然也不一定非得是6岁，只要喜欢发散联想，就可以开始训练串联记忆了。先训练形象词，后训练抽象词。训练的词语必须是他理解的词语，不理解的词语孩子容易乱猜胡搞，所以如果有陌生的词，尽量先讲解意思，孩子理解之后，再进行串联联想练习。孩子发散思考、乱联想很正常，不要责备他，为他讲解正确的内容并给予引导就可以了。发散能力很重要，成人就是被太多的条条框框限制了发散联想和想象力。所以不要限制孩子的想象力，只需要让他知道什么是对的、什么是错的，让他在想象的基础上有判断的依据，能找到对的方向。

训练抽象转化图像时，尽量引导，谐音、象形和意义的图像一起练习。成人已经养成了自己的偏好，而小孩子偏见较少，转化的时候采用多种方法，有利于培养他的发散思维和联想能力。

接下来就是桩子的准备了，有条件的家长可以带孩子从家里开始找地点桩子，找过之后拍照存档，并写下找出来的地点做好记录存起来。家里有打印机的还可以打印成册，方便孩子复习使用。这样慢慢积累，几年下来可以获得上千桩子，这对以后的学习非常有帮助。不过，大家要注意桩子的分类和管理，以便日后使用时更有条理，更容易提取。除实体桩子之外，还可以准备一些虚拟的桩子，如最基本的数字编码桩子。

等孩子开始学习英语时，就需要准备一套单词编码，以备记忆单词的时候使用。

记忆宫殿方法基础练习如果能达标的话，接下来需要积累一些实质内容，如唐诗宋词、《论语》《道德经》《弟子规》等国学经典，另外也可以记一些文学常识、生活常识等，还有经典著作、名人名言、谚语、好句子等。这些内容都能丰富写作素材，为以后写作打下良好的基础。

背唐诗的时候，最好是使用画图记忆法，因为诗词中本身含有环境和意境，把内容理解之后画出来也是一种创作。平常讲到文章或故事，也可以要求孩子自己画插画，这样不仅可以锻炼想象能力，还可以提高记忆力。

成人的记忆力训练方法和小孩子略有不同，因为成人目标比较明确，需要比较直接的训练，最好马上就可以使用。

第八章
学会记忆宫殿的正确方法

怎么训练才能马上使用呢？首先是把基础能力练习到位。我一直强调基础能力也就是转化、串联、编码、桩子这4个内容。其次，使用的时候重点落在关键字词的提取和理解建立逻辑结构上。这里的逻辑结构是指通过提问的方法建立一条通向回忆信息的路径。等你回忆的时候可以直接看着关键字词，自问自答回忆背诵的内容。

掌握上面所说的技巧，成人应用记忆方法一定可以得心应手。

最后提一点，如果学有余力，建议训练记忆十大经典项目，也就是世界记忆锦标赛的挑战项目。

这十个项目包括：快速数字记忆、快速扑克记忆、马拉松数字记忆、马拉松扑克记忆、数字听记、二进制数字记忆、词汇记忆、虚拟事件记忆、人名和头像记忆、抽象图形记忆。

前6个项目是关于数字和扑克、二进制的，它们的记忆方法都一样，使用"地点桩子+编码图像"的记忆模式。词汇记忆可以使用串联，也可以使用地点记忆。虚拟事件记忆实际上是历史事件的时间和内容记忆；时间转化成数字编码，内容提取关键字词进行串联。最后考核的时候，考的是记忆再认，也就是看到时间回忆事件，或看到事件回忆时间，所以直接串联就可以，不需要放桩子上。同样地，人名和头像项目也考查再认，即看到头像认出叫什么名字就可以了。因此，只要在头像上找特征作为联想想象点，把名字联想结合在上面，回忆时看头像写出名字。抽象图像考的是图像存放的顺序，也就是记住每一行图像的顺序。这一步涉及顺序记忆，所以建议用地点桩子存放抽象图形的顺序，以便回忆的时候提取。一般是5个抽象图像一行，因此对应的记忆也只需要5个地点桩为一组。

这些策略都是常用的，如果你在使用它们的时候能自己悟出更高效率的策略，我相信你一定会在速度上更上一层楼。

以上是世界记忆锦标赛的标准记忆项目，它们能全方位地锻炼记忆基础能力。如果在应用以外有时间或感兴趣，应该积极训练，成绩好的话还可以参加比赛。参加比赛的选手根据所获成绩会被授予"记忆大师（IMM）""特级记忆大师（GMM）""国际特级记忆大师（IGM）"三个不同等级的称号。想获得"记忆大师"的称号，只需要做到1小时记忆1040个数字，1小时记忆11副扑克，90秒以内记忆一副扑克牌，且10个项目累计3000分以上。达到这一目标的难度并不是很高，一般人训练半年以上足矣。

只要你的方向对，努力就不会白费。做对的事，坚持下去，你一定可以成为出色的记忆大师。祝愿所有有梦想的人，都可以梦想成真。

小贴士 Tips 当孩子做抽象词训练时，大人要尽量引导，谐音、象形和意义的图像一起练习。转化的时候采用多种方法，有利于培养孩子的发散思维和联想能力。

后 记

写完本书，回头看内容，总觉得欠缺了训练部分的材料和更具体的例子。好在有两本书可以弥补这一不足：林彼得著的《超级记忆力养成计划》及石伟华著的《超级记忆：99天完美训练手册》。

另外，只通过阅读来学习一门技能对大部分人来说是很困难的，原因有二：首先是阅读所能获得的信息只是在字面上，有很多信息需要示范，需要通过语言或表情去传达；其次是每个人的阅读理解率都不一样，所以阅读后的收获也不一样。

书中提到的图片和一些辅助练习资料也不适合纸质出版，如串联训练软件，便没办法印在纸上。

为了帮助大家更好地学习记忆宫殿技术，我决定将本书重点内容录制成视频，凡是购买本书的读者，都可以通过我的订阅号获得视频及资料。

说到记忆宫殿技术，早在2012年，我创建了记忆宫殿体系之后，起名为"记忆宫殿课程体系"，申请了著作权，同时也把教育培训类的"记忆宫殿"商标注册了下来。在当时，"记忆宫殿"一词并没有今天这么火热，我也没想过这个词会被这么多人使用。随后也有很多机构以"记忆宫殿"的名义举办培训课程，这时我才意识到"记忆宫殿"一词的价值。

多年来，假借我们的名义，把内部学员视频拿去售卖的情况屡有发生。那些买到盗版资料的人，直到找我们辅导服务时才发现上当了。也有些同行朋友，因为把培训机构的名字起为"记忆宫殿"而导致学员误会。

其实我注册"记忆宫殿"这一商标的初衷只是想合法使用"记忆宫

殿"这个词，并没想到会发展成这样。不管未来会怎样，这个词和我的课程将一如既往地走下去。不管世界怎么变，记忆宫殿还是那个记忆宫殿，还是那个与大家分享记忆学习方法的平台。

  本书能出版，首先要感谢我的家人对我的支持，感谢淋妹妹为我手绘了地点桩插图；其次要特别感谢我的妻子，是她的陪伴和监督以及后期的校对，让此书得以顺利完成。

  感谢本书编辑郝珊珊女士，是她的支持和帮助让本书得以出版。

  感谢我的启蒙老师张海洋先生，没有他的教育栽培，就没有我在记忆培训界十多年的成果。

  最后要感谢这么多喜爱记忆宫殿的小伙伴的支持，是你们陪伴记忆宫殿走过17个年头，也因为有你们，记忆宫殿才能走得更远。